生物遗态炭基材料的制备与应用

王庆 著

化学工业出版社

·北京·

内容简介

生物遗态炭基材料是新型的结构功能一体化材料。本书共分 10 章，系统介绍了生物遗态材料的概念、分类，生物遗态炭材料的制备方法、结构和形貌特征、工艺影响因素，以及生物遗态炭材料在钾离子电池负极、超级电容器电极和 ORR 及 OER 电催化剂方面的应用；生物遗态 SiC 材料的制备方法、形貌结构特征、炭模板和 SiC 材料的表面分形计算，以及 SiC 作为催化剂载体在甲烷部分氧化制备合成气中的应用等内容。

本书结合作者多年的研究成果，技术先进，内容丰富，数据翔实，为相关科研人员和学生提供指导。

图书在版编目（CIP）数据

生物遗态炭基材料的制备与应用/王庆著 . —北京：
化学工业出版社，2023.10
ISBN 978-7-122-43820-1

Ⅰ.①生…　Ⅱ.①王…　Ⅲ.①生物材料-材料科学
Ⅳ.①TB3

中国国家版本馆 CIP 数据核字（2023）第 135270 号

责任编辑：邢　涛　　　　　　文字编辑：杨凤轩　师明远
责任校对：刘　一　　　　　　装帧设计：韩　飞

出版发行：化学工业出版社（北京市东城区青年湖南街 13 号　邮政编码 100011）
印　　装：北京科印技术咨询服务有限公司数码印刷分部
710mm×1000mm　1/16　印张 9¼　字数 152 千字　2023 年 11 月北京第 1 版第 1 次印刷

购书咨询：010-64518888　　　　　售后服务：010-64518899
网　　址：http://www.cip.com.cn
凡购买本书，如有缺损质量问题，本社销售中心负责调换。

定　　价：98.00 元　　　　　　　　　　　　　　　版权所有　违者必究

前　言

　　具有三维精细分级多孔结构的高性能新型材料一直是材料领域研究的热点。然而，传统的研究技术和手段很难真正实现复杂三维分级结构的精准构筑，成为长期困扰学术界和工业界的问题之一。为了设计合成具有生物结构与功能一体化的新型材料，材料研究者将目光转移到生物遗态材料上来。

　　生物遗态材料是材料研究领域里的一个新概念，指利用自然界中亿万年进化优选而来的生物质自身具有的多层次、多尺度、多结构的独特结构特征，通过高温处理技术改变其结构组分，制备出保持有自然界生物质精细分级结构的新型结构功能一体化材料。由于生物质的独特结构已经过长期的进化和自然选择，它们远比人类设计的结构更优越，具有比人工仿生材料更为优异的材料特性，而且可以获得比原生物质更完备的功能。因此，基于自然界数目繁多、品种各异的生物质，衍生出来的生物遗态新型材料可被广泛应用到诸多领域，尤其是环境和能源领域。

　　遗态材料最早由日本的 Okabe T 博士等在 1992 年研发，当时称为木质陶瓷（wood ceramics），美国学者则称其为"生态陶瓷（eco-ceramics）"，这种材料具有低密度、优异的耐磨和减磨性、优良的电磁屏蔽效应和远红外线放射特性等特点。但该材料的韧性、导热和导电性能较差，阻碍了其应用。近三十年，随着现代生物研究的巨大进展，生物结构和功能性方面的研究快速进步，科学家已经基于不同生物质的精细微纳结构，开发出具有不同特性、适用于不同应用需求的多种功能材料。

　　本书针对生物遗态炭和生物遗态 SiC 两种具体的生物遗态材料，研究了生物质向生物遗态炭材料转化的方法，炭化工艺条件对形貌结构的影响规律，生物遗态炭材料的结构和形貌特征；深入研究了生物遗态炭材料在储能和电催化方面的应用。同时，也研究了生物遗态炭模板向 SiC 转化的不同方法，制备的 SiC 材料在甲烷部分氧化制备合成气中的应用。上述工作对完善生物遗态材料知识体系，推动生物遗态材料的应用发展提供支持和帮助。

在本书的编写过程中，东北大学秦皇岛分校的罗绍华教授、张亚辉副教授给予了全力帮助，研究生高成林、周萌、檀明秀、王邓杨、王莎莎、刘武鑫等做了大量工作，包括文献搜集、数据整理、图表绘制等，在此表示诚挚的感谢。另外，本书的编写还参考了国内外相关研究人员的一些文献资料，在此向有关作者一并致谢。

本书得到国家自然科学基金（项目编号：52274295）、河北省电介质与电解质功能材料重点实验室绩效补助经费（项目编号：22567627H）、河北省高等学校科学技术研究项目重点项目（项目编号：ZD2022158）、河北省自然科学基金（项目编号：E2020501001）以及河北省中央引导地方科技发展资金项目（项目编号：226Z4401G）的支持，在此表示感谢。

由于生物遗态炭基材料跨学科、专业面广，受作者水平和精力所限，书中难免有不妥之处，恳请广大读者和同仁批评指正。

王　庆

目 录

第3章 生物遗态炭材料 33

第4章 生物遗态SiC材料 43

第 8 章　生物遗态炭在 ORR 和 OER 中的应用　107

第 9 章　生物遗态 SiC 催化应用　120

第 10 章　展望　129

参考文献　132

第1章

绪 论

1.1 生物遗态材料概述

生物质是自然界利用太阳能、大气、水以及土壤等形成的一种持续性可再生资源，也是我们赖以生存的地球所独有的自然资源。从古至今，生物质不仅为人类提供了丰富多样的食物以及取暖、照明和加工食物所需要的能源，而且还提供了制造房屋和交通工具的重要材料。可以说，生物质是人类最早、最多和最直接利用的资源。近代以来，随着科学与技术的发展，人们对来源于生物质的化石能源、矿物质的组成和转化规律的认识越来越深入，化石能源和矿物质逐渐成为人类社会能源和材料的主要来源。然而，随着化石能源大规模的开发和利用，这些不可再生资源不断减少，人们又想起了生物质这个古老的能源。有关生物质转化和利用的研究越来越热门。目前，研究和开发工作主要集中在生物质能源的利用上，如生物燃料、生物化学品以及生物质发电等[1,2]。这些工作本质上都是在利用储存在生物质化学键中的化学能。毫无疑问，新的生物质转化技术对解决人类所面临的能源短缺、环境污染等问题具有重要的意义。但是，生物质区别于矿物质的最主要特点还在于生物质具有独特的结构，而且这些结构是经过了数十亿年的进化和选择才形成的。因此，在研究和利用生物质中储存的化学能的同时，不应该忽视生物质所具有的独特结构。

生物经过长期的进化，自身形成了非常独特且优化的精细显微结构。在生物质的生长过程中，酶被产生并分配到生物体的特定部位，水分和矿物质经过生物体内各种不同直径管道的传输，抵达活性部位并发生反应，反应产物又通过生物体的特殊结构快速传递到生物体所需的各个部位。这个过程与许多反应过程非常相似，也是一个扩散-反应过程。生物为了生存，就必须保证体内扩散和反应一体化的高效顺利实现[3,4]。根据这一要求，生物质在漫长的进化发展过程中，逐步形成了自己特定的内部特征：多级分布的管状或胞状结构、发达的孔隙、排列有序的孔道，孔径分布从纳米级到毫米级等[5-8]。而这种具有多级分布孔结构的材料，恰恰可以满足许多领域的需要。

众所周知，催化、吸附与分离、储能等领域所需要的多孔材料，不仅要具有丰富的微孔，为反应提供足够的表面积，同时为避免扩散限制等问题，也要求具有足够的中孔和大孔，为反应物和产物提供快速传输的通道[3,4]。因此，具有微孔、中孔和大孔复合孔分布的材料，成为各国研究人员致力追求的目标。传统上制备多孔材料，主要有以下几种方法：①将粉体材料与造孔剂混合均匀，通过挤压成型，然后在空气中烧掉造孔剂，形成多孔材料；②制备含有聚合物模板的复合材料，煅烧除掉模板，制备出多孔材料[9-11]；③把氧化物为主的超细粉体挤压成型，使用前通过还原等方法形成多孔结构。由于工艺条件限制，上述方法很难真正实现复杂精细分级孔结构材料的制备。因此，研究者把目光转移到具有分级孔结构的生物质材料上。

通过高温处理及后续的渗透技术，将生物质转化为保持原材料形貌结构的无机材料，该无机材料称为生物遗态材料。近年来，各国的研究者采用不同的生物质，利用不同的转化技术，制备了各种保持原材料微观结构特征的生物遗态多孔材料[12-18]。除了利用其特殊结构在化学等领域的应用，生物质本身含有的一些元素或者制备过程中外引元素的掺杂，进一步拓宽了生物遗态材料的应用范围。生物质含有的元素（如 H、O、N 和 S 等），在生物质向无机炭材料转化过程中，进入碳骨架结构中，或改变电子云密度，或改变碳层间距，从而引起炭材料物理化学性质（如电子导电性）的改变等，因此，生物遗态材料又可以广泛应用于功能材料尤其是电化学材料领域[19-21]。

生物遗态材料是材料研究领域里的一个相对新的概念，基本处于基础研究的阶段，应对生物遗态材料的制备方法和工艺进行深入研究，进一步拓展其应用范围，加快产业化的进程。

1.2 生物遗态材料分类

自然界中生物质众多，根据不同的需求制备的生物遗态材料也多种多样，因此，生物遗态材料可以根据原材料的不同以及产物的不同进行分类。

1.2.1 以原材料进行分类

自然界生物形态的多样性，很早就引起了人们的注意。由于细胞的形状和排列方式不同，不同的生物具有不同的形态和结构。即使是同一种生物，不同部位的形态和结构差异也很大。例如，植物为了尽可能多地吸收阳光，发展出多重分支的树枝状结构；植物果实为了尽可能多地储存淀粉和油脂，发展出大小不等的胞状结构。因此，在制备生物遗态材料时可根据目的材料的要求和用途，选择不同形貌和结构的生物质作为原材料。

（1）以微生物为模板的遗态材料

英国科学家 Davis 等[18] 为了制备一些具有生物质孔结构的无机材料，将线状的细菌浸渍在 SiO_2 溶胶或者碱性的十六烷基四甲基溴化铵（CTAB）/正硅酸乙酯（TEOS）/H_2O 混合液中，然后通过空气中的干燥和矿化，将细菌的细胞壁转化为无定形的 SiO_2 或者 MCM-41 分子筛，从而把细菌转化为保持细菌原分级孔结构的无机材料，如图 1.1 所示。而后，他们同实验室的 Zhang 等[22] 又将细菌转化为具有纳米尺度的沸石分子筛。一些科学家也对病毒进行了研究。Fowler 等[23] 将 300nm 长、18nm 宽及内部含直径 4nm 孔道的烟草花叶病毒浸入硅溶胶中，经老化、水浴加热和空气中的热处理，制备出具有介孔和纳米颗粒的无机硅材料。此外，更多的科学家通过不同方法将不同类型的病毒转化为分级孔结构的无机材料[24-29]。

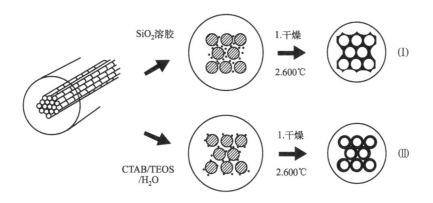

图 1.1　细菌制备的无机硅材料[18]

（2）以动物组织为模板的遗态材料

硅藻是单细胞藻类，外表是一层硅壳。当硅藻死后，它们的外壳形成硅藻土。硅藻的一个重要结构特征是大孔的孔道结构，孔径尺寸从几微米到几十微米。Anderson 等人[30] 选取一段长 15μm，内径 4μm，管壁上规则分布了 0.5μm 孔的管状硅藻土，通过沸石化作用，利用硅藻土本身的硅源，在硅藻土内部组装了 ZSM-5 分子筛，且分子筛与硅藻土联结牢固，超过 1000℃仍能保持热稳定性。如图 1.2 所示。

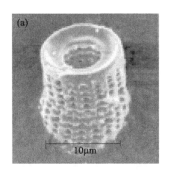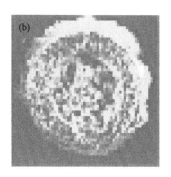

图 1.2　组装分子筛前后的硅藻土[30]

研究者发现动物的骨骼也可转化为生物遗态材料，Ogasawara 等[31] 将动物骨骼的壳质转化为大孔的二氧化硅材料。乌贼（又称墨鱼）的骨骼由 $CaCO_3$ 和 β-壳质组成，如图 1.3（a）和（b）所示，内部呈壳层结构，由许多腔室构成。这种结构使墨鱼能够承受 2.4MPa 的外部压力，可以停留在 230m 的深水处。将墨鱼骨转化为无机材料，分为去矿化和重新矿化两个过程。首先，Ogasawara 等将墨鱼骨去矿化，将无机 Ca 质除掉，剩余的纯 β-壳质仍保持了墨鱼骨的壳层结构。然后，以不同 pH 值的硅酸盐溶液对其进行再矿化，将墨鱼骨转化为 SiO_2 大孔材料[图 1.3(c)和(d)]。

蜘蛛丝也受到研究者的关注[32,33]。蜘蛛丝是一种半晶质的生物高聚物，具有高抗张强度和高弹性，在一些纺织品和高柔韧性材料中有重要应用。同时，由于蜘蛛丝内在的生物适应性，可以将其制备成坚韧的生物材料，用作人造肌腱或者医用缝合线。Mayes 等[32] 利用蜘蛛丝在水或者极性溶剂中呈超收缩状态，将蜘蛛丝浸渍在 Fe_3O_4 溶胶中，然后在空气中干燥。通过分析发现在蜘蛛丝的表面覆盖了一层带有磁性的 Fe_3O_4 薄膜，且保持了蜘蛛丝天然的

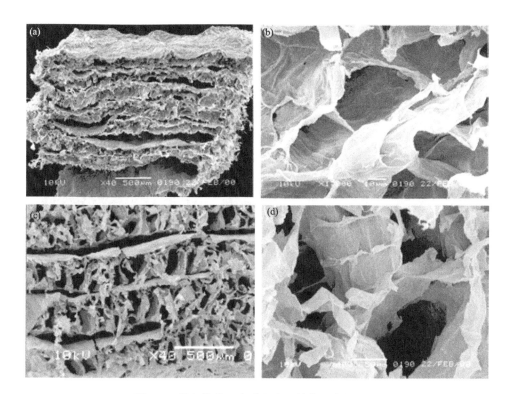

图 1.3　墨鱼骨的 β-壳质和由此转化而来的 SiO_2

(a)、(b)β-壳质；(c)、(d)SiO_2[26]

柔韧性，如图 1.4 所示。同时，他们也将蜘蛛丝转化为覆盖了其他无机纳米粒子的复合材料。

Zhang 等[34] 将蝶翼切成方块，浸入钛的硫酸盐中，煅烧除去模板，得到具有规则类蜂窝形貌的氧化钛结构，这种材料具有较大的比表面积和优良的集光能力，因此可以作为一种极佳的光电阳极。

（3）以植物为模板的遗态材料

由于微生物和动物资源有限，转化过程复杂，同时动物实验受动物保护组织的谴责，植物质转化逐渐成为研究的热点。自然界中植物资源丰富、种类多样，且具有可再生性，是制备生物遗态材料的最佳原材料。所有的植物都由细胞排列构成，然而由于功能和需要的不同，植物细胞的形状和大小相差很大，有些植物细胞只有几微米，而某些植物的纤维细胞可达 50cm，是植物中最大最长的细胞。同时，不同植物体内细胞的排列方式也有很大差

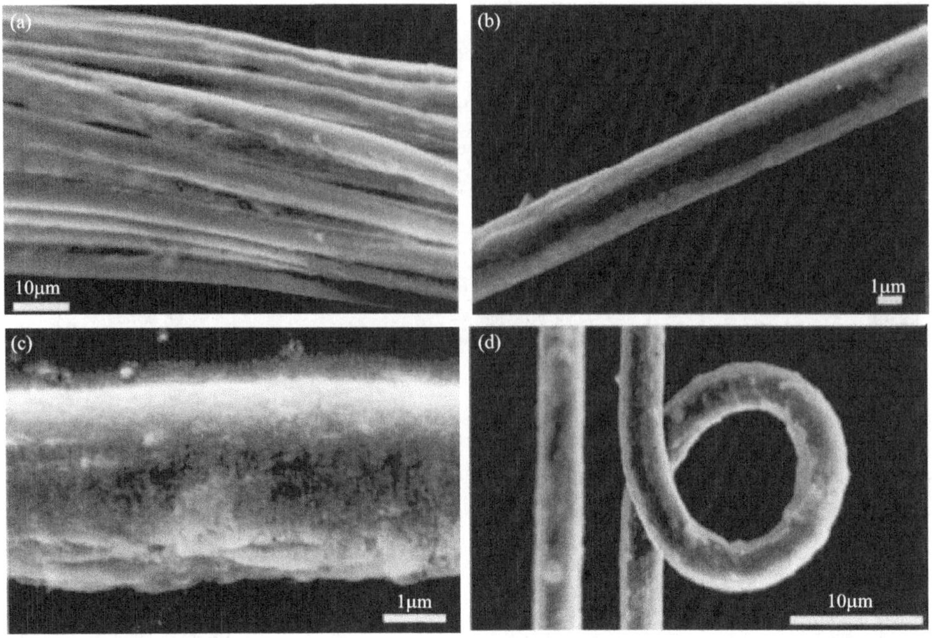

图 1.4　表面包裹磁性的 Fe_3O_4 薄膜的蜘蛛丝[28]

异。植物细胞这种不同的形貌和排列方式，决定了植物具有各不相同的显微结构。

例如，木材为多年生植物，木质坚硬，是优良的建筑材料。木材的显微结构，从其径向剖面看，是细长的、由细胞排列组成的管胞式结构[35,36]，这为水分和营养成分从根部到枝叶的快速传输提供了通道。不同的木材，管胞结构也不完全相同，有些木材的管道直径均匀分布，有些则是不同孔径的管道间隔排列。植物的花粉颗粒则呈现蜂窝状结构[37]，剑麻和纸为纤维结构[14,38-40]，如图 1.5 所示。虽然植物孔结构各异，但都具有相同的特征：排列有序，具有分级孔结构，孔径分布从纳米到微米范围，而且整体为开孔系统。目前，各种木材的根茎叶、花粉、植物纤维等，都被用于制备生物形态材料[37,39-44]。而木材由于具有优良的力学性能以及管胞结构，成为研究的热点[45-73]。

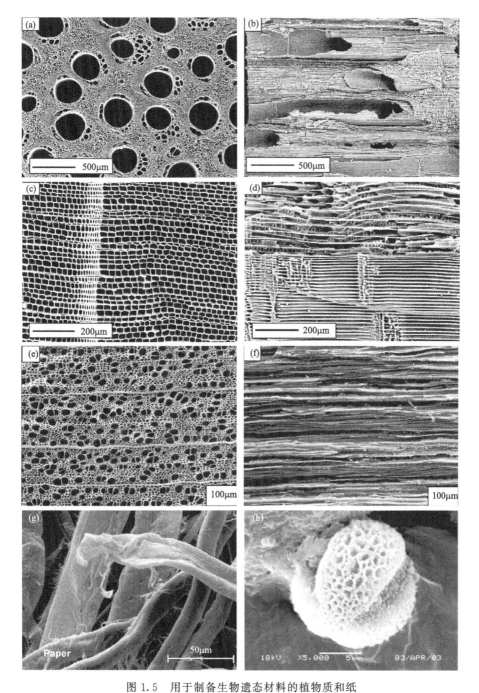

图 1.5　用于制备生物遗态材料的植物质和纸

（a）、（b）藤条；（c）、（d）松木；（e）、（f）椴木；（g）废纸；（h）花粉[13,14]

1.2.2 以产物进行分类

将植物转化为生物形态的无机材料，关键在于所制备的无机材料能保持起始植物的微观结构。生物质衍生材料制备技术主要包括生物模板法、水热法以及静电纺丝法等，从保持原生物质形貌结构的角度，生物模板法是最适宜的工艺路线。即先将植物通过高温处理转化为炭材料，也可以进一步根据需要将炭模板转化为相应的无机材料。具体的操作如下：首先，将天然植物在空气中干燥 2～4 天，然后置于高温炉中在惰性气氛下缓慢炭化，转化为炭模板；根据需要，将炭模板采用不同的转化手段制成各种无机材料。例如，将炭模板与 Si 或其他金属组分反应，或者炭模板与氧化物溶胶在惰性气氛下反应，转化为碳化物材料[52,53,73-78]。也可以在炭模板表层包覆氧化物前驱体，通过空气中退火处理、烧掉炭模板等过程，制备氧化物材料[11,46,79-82]。也有研究者在炭模板内部填充氧化物溶胶，在纯氮气氛下，高温转化为氮化物[83]。

用上述方法制备出的生物遗态材料，能够较好地保持起始植物的微观结构特征。主要的转化途径可简单地用图 1.6 表示。

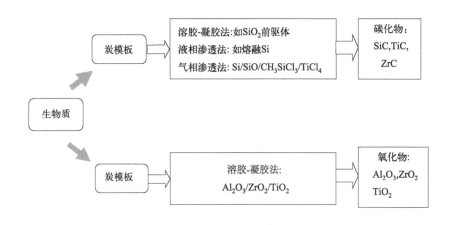

图 1.6 生物质转化为高性能材料的主要途径

（1）生物遗态炭材料

众所周知，自然界中的植物由细胞组成，细胞是构成其形态结构和生理功能的基本单位。植物的细胞包括原生质体和细胞壁两大部分。原生质体是细胞壁内一切物质的总称，是有生命的部分，主要由 C、H、O、N 等化学元素组成。组成原生质体的化学元素，构成分子量大小不同的许多化合物，如蛋白质、核酸类、脂类、糖类等有机质和水、矿物质、气体等无机质。原生质体的化学组成决定了它具有液体、胶体和液晶态的特性。细胞壁是植物细胞所特有的结构部分，是包围在原生质体外面的一个坚硬外壳，具有保护植物细胞形态、保护原生质体、吸收、分泌、运输及识别等生理功能。细胞壁的主要成分是纤维素，纤维素分子是由 $2000\sim14000$ 个葡萄糖分子聚合而成的链状多糖。在构成细胞壁时，许多纤维素分子有规则地排列成分子团，由分子团进一步结合成为生物学上的结构单位，称为微纤丝，许多微纤丝再聚合成大纤丝。高等植物的细胞壁，是由纤维素分子构成的纤丝系统，这保证了细胞壁具有一定的硬度和弹性[84,85]。

通过上面的分析可以发现，如果利用一定的技术将细胞的原生质体释放出来，同时能够保留原生质体外面的坚硬外壳——细胞壁，就能将植物转化为具有原材料微观结构的多孔模板。通过控制条件，将植物在高温下热解炭化，可以实现这一目标。在热解炭化过程中，植物细胞中的原生质体分解形成轻组分而挥发，产生的气态产物如 H_2O、CO_2、CO 等，通过开孔系统逸出，而由纤维素或半纤维素组成的细胞壁则经历热分解、重新聚合转化为碳骨架。炭化结束后，植物质转化为炭模板。

炭模板形成过程中，由于气相物质 H_2O、CO_2、CO 等的释放，植物质一般都会有 $70\%\sim80\%$（质量分数）的失重[6]。不同的植物由于组成与分子结构不同，失重程度稍有差别。同时，炭化过程中的失重也会导致植物发生各向异性收缩，根据细胞的组成和纤维素排列方向的不同，各方向的收缩程度也不同，收缩程度可从 10% 到 40% 不等[6-8]。尽管发生失重和各向异性收缩，植物的微观结构特征还能够得到保留。这种复制了生物质形貌和结构的炭模板，通过其开孔系统，可渗入不同的反应物，并在高温下转化为高性能材料。

（2）生物遗态氧化物

多孔的氧化物材料在许多工业过程中有着非常重要的应用。例如，Al_2O_3 是常见的催化剂载体材料，TiO_2 由于具有特殊的光化学性质，可用于有机物降解，ZrO_2 在催化等领域也有广泛应用。这些应用都要求材料具有较高的比表面积以及有利于反应物和产物扩散的孔分布。因此，把氧化物制备成具有复杂多级孔结构的多孔材料能显著拓宽其应用领域。主要的制备方法有：将植物经过预处理后，浸渍在金属盐溶液中，使金属盐附着在植物表面，然后经通过热解、煅烧转化为氧化物陶瓷，或者制备氧化物溶胶，将溶胶渗入炭模板内部，然后经高温处理制备生物遗态氧化物陶瓷。

Patel 等人[39,40] 挑选经细菌降解的剑麻、大麻，先以 NaOH 预处理，然后浸渍在 $Al_2Cl_6 \cdot 12H_2O$ 或者 $TiCl_4$ 溶液中，使 Al^{3+} 或者 Ti^{4+} 与 Na^+ 进行交换。然后经热处理，将剑麻和大麻转化为 Al_2O_3 和 TiO_2 纤维，制备出的材料很好地保持了起始材料的微观结构。

Ota 等[79] 将异丙醇钛{$Ti[OCH(CH_3)_2]_4$, TTIP}稀释在异丙醇中，把木材于真空条件浸渍其中 1h，使 TTIP 浸入木材内部，然后超声振荡，使浸入木材的 TTIP 原位水解形成 TiO_2 凝胶。把含有 TiO_2 凝胶的木材在 110℃干燥，然后在空气中以 600~1400℃烧蚀 2h。渗透、水解和干燥过程多次重复，使更多的 TiO_2 渗入木材中。分析表明，制备的 TiO_2 很好地保持了原始木材的外部形貌和内部结构，如图 1.7 所示。

图 1.7　不同放大倍数的木材 TiO_2 的微观结构[11]

Shin 等人[65] 利用溶胶-凝胶技术将白杨和松木转化为分级孔结构的 SiO_2 陶瓷。他们以 TEOS、H_2O、HCl 和表面活性剂（十六烷基四甲基氯化铵，CTAC）制备 SiO_2 溶胶，将木材在 60℃直接浸入溶胶 3 天，然后换新溶胶再次浸渍 3 天。最后在空气中干燥，550℃下烧蚀 6h，将木材转化为 SiO_2 陶瓷。

Cao 等人[12] 利用生物模板技术，以溶胶-凝胶法将松木转化为 Al_2O_3、TiO_2 和 ZrO_2 陶瓷。方法是分别以异丙醇铝{$Al[OCH(CH_3)_2]_3$}、TTIP 和氯氧化锆（$ZrOCl_2 \cdot 8H_2O$）制备 Al_2O_3、TiO_2 和 ZrO_2 溶胶，将溶胶在真空条件下渗入干燥的木材中，然后 130℃下干燥 2h，使溶胶凝胶化，此过程重复三次后，把样品在 800℃氮气的保护下热解 1h 下，最后在空气中高温灼烧，

制备成 Al_2O_3、TiO_2 和 ZrO_2 陶瓷材料。对于 Al_2O_3，由于碳的灼烧，以碳为骨架的细胞壁留下许多小孔，而对后两者，原有的细胞壁由致密的 TiO_2 和 ZrO_2 代替，使材料保持较高的机械强度。

（3）生物遗态碳化物

碳化物通常具有高硬度、耐磨损、低热膨胀、高的热和电子传导等性能，在切割工具、砂轮以及研磨材料等领域中有广泛应用。如 SiC 具有耐高温、抗腐蚀、良好的导热导电性能以及优异的力学性能。TiC 和 ZrC 虽然没有 SiC 那样好的力学性能，但具有更高的熔点以及接近金属的电子传导率，因此这些材料在化学和电子工业中具有非常广阔的应用前景[12]。近年来，人们发现碳化物在多相催化方面也有非常好的应用前景。目前制备出的生物遗态碳化物材料也以 SiC、TiC 和 ZrC 等为主。将炭模板转化为 SiC、TiC 和 ZrC 等材料，也有多种不同的渗透和反应技术，主要包括溶胶-凝胶和碳热还原法、液相渗透技术、气相渗透技术。

① 溶胶-凝胶和碳热还原法

溶胶-凝胶过程作为制备玻璃和陶瓷材料的主要方法已有多年的历史。由于成本低，工艺过程简单，以及相对较低的反应温度，成为制备碳化硅等材料的常用方法。目前，溶胶-凝胶和碳热还原技术也被用于制备生物遗态陶瓷材料。对于 TiC 和 ZrC 的制备，主要采用溶胶-凝胶渗透技术，部分研究者也用此方法制备生物形貌的 SiC。溶胶-凝胶和碳热还原方法制备生物遗态材料的技术路线如下：先用含硅或者其他金属组分的前驱体制成氧化物溶胶，然后将氧化物溶胶利用真空或者加压技术，以适当 C 和氧化物的摩尔比渗入到炭模板的内部，加热干燥使溶胶凝胶化。然后，在惰性气体的保护下，使炭模板和氧化物凝胶混合物在高温（1400～1600℃）下发生碳热还原反应，转化为生物遗态碳化物材料。钱军民等利用溶胶-凝胶和碳热还原技术制备了生物遗态的 SiC 材料[35,36]。他们采用橡木和椴木为起始材料，将橡木和椴木切割成一定形状，在空气中干燥，然后将橡木和椴木在真空下升温至 1200℃，转化为炭模板。下一步，将 TEOS、H_2O 和盐酸（HCl）以合适的比例按常规方法制备 SiO_2 溶胶。把炭模板置于自制容器中，抽真空 3h，填入 SiO_2 溶胶，然后将容器加压至 1.5MPa，恒压 6h，使溶胶尽量多地渗入炭模板内部。再将渗入炭模板的溶胶在 60℃凝胶化，于 120℃下干燥去除其他溶剂。渗透过程持续多次，使 C 和 SiO_2 达到合适的摩尔比。最后将 C/SiO_2 混合物置于高温炉中，在氩气的保护下，升至 1600℃发生碳热还原反应，将炭模板转化为 SiC（图 1.8）。他

们也对反应机理进行了研究，认为总的反应为

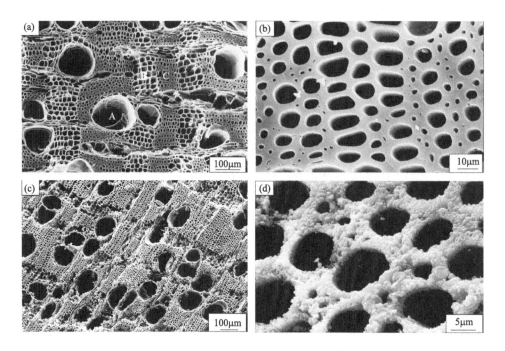

图 1.8　由橡木转化而来的炭模板与溶胶-凝胶和碳热还原技术制备的 SiC
(a)、(b)炭模板；(c)、(d)β-SiC[35]

$$SiO_2(s)+3C(s)\!=\!\!=\!\!SiC(s)+2CO(g) \tag{1.1}$$

而实际上此反应分两步进行，第一步为 $C(s)$ 和 $SiO_2(s)$ 之间的固固反应产生中间相 $SiO(g)$，然后 SiO 再被还原生成 SiC。

$$SiO_2(s)+C(s)\!=\!\!=\!\!SiO(g)+CO(g) \tag{1.2}$$

$$SiO(g)+2C(s)\!=\!\!=\!\!SiC(s)+CO(g) \tag{1.3}$$

同时，一些副反应也会发生

$$SiO(g)+2CO(g)\!=\!\!=\!\!SiC(s)+CO_2(g) \tag{1.4}$$

反应过程中形成的 $SiO(g)$ 和 $CO(g)$ 可能会逸出反应体系。

Rambo 等人利用溶胶-凝胶和碳热还原技术，以松木为起始材料制备出 SiC、TiC 和 ZrC 等生物遗态材料[13]。他们把松木在氮气的保护下，升温至 800℃恒温 1h，转化为炭模板。然后以 TEOS、TTIP 和正丙醇锆{Zr[O(CH$_2$)$_2$CH$_3$]$_4$,ZNP} 分别制备出 SiO_2、TiO_2 和 ZrO_2 溶胶，再以真空渗透技术将溶胶渗入炭模板内部，最后将含有溶胶的炭模板置于高温炉中，在氩气的

保护下，将炭模板制备成多孔的 SiC、TiC 和 ZrC 材料。然而，由于溶胶转变为氧化物后体积减少到 40％～66％，最终渗入的氧化物含量较少，实际的产物组成为碳化物和未反应的 C，也就是 SiC/C、TiC/C 和 ZrC/C 的复合材料。

此外，Shin 等人也将松木和杨木利用溶胶-凝胶和碳热还原技术转化为 SiC 材料[41]。值得指出的是，在碳热还原过程中，由于生物模板中的部分 C 要形成 CO，因此采用溶胶-凝胶和碳热还原方法制备出的碳化物材料孔壁会变薄，机械强度相对较低，同时可能有少量的晶须产生。此外，以此方法制备生物遗态碳化物，需通过炭模板表面的中空孔道将氧化物溶胶渗入炭模板内部，通常渗透过程需要真空或高压环境，而且很难一次渗透就能达到合适的 C 和氧化物摩尔比，操作复杂，周期较长，且不易形成纯的碳化物。

② 液相渗透技术

液相渗透技术也可以称为液相渗硅技术，到目前为止，此方法主要用于制备生物遗态 SiC，未见制备其他碳化物的报道。与溶胶-凝胶和碳热还原过程相比，液相渗透技术操作更为简单。其操作技术路线如下：用过量的硅粉将炭模板包覆，在真空或者惰性气氛下，升温至 1600℃左右，熔融的 Si 以及部分气相 Si 和 C 直接发生反应形成 SiC。液相渗硅法制备出的 SiC，孔壁厚、机械强度高，是各国研究者最广泛采用的方法。各种植物都可能通过液相硅渗透技术转化为生物遗态 SiC 材料，但是由于反应过程中使用了过量的硅粉，制备出来的多为 Si/SiC 复合材料。同时，硅颗粒可能使炭模板的部分微孔堵塞，导致孔隙率降低[7]。

Sieber 等[7] 以枫木为起始材料，将制备的炭模板与过量硅粉充分混合，在真空条件下以 5℃·min⁻¹ 升至 1600℃，反应 4h，制备出木材形貌的 β-SiC。由于硅粉过量，制备出来的陶瓷材料为 Si/SiC 的复合物，在小于 30μm 的孔道内分布有残留的 Si，从而降低材料的孔隙率。残留的 Si 含量主要取决于炭模板的总孔体积和孔道尺寸分布。对枫木来说，最后的 Si 质量分数在 23％左右。而通过化学方法处理，残留的 Si 可以被除掉，从而提高孔隙率。

钱军民等[49] 也用液相渗硅法将椴木转化为 SiC。他们将炭模板包埋在硅粉中，在氩气气氛下 1600℃烧结 30min，然后升温至 1700℃，使硅气化，排硅 2h，然后随炉冷却，得到成型的多孔 SiC。X 射线衍射（XRD）显示，所得产物为 β-SiC 和少量 C。他们还对 Si 在炭模板中的渗入-反应动力学进行了研究，结果表明，液相 Si 渗入木炭的速度是相当快的，SiC 的生成速率比 Si 在木炭中的传输速率慢 5 个数量级，SiC 的生成反应是木炭转变为 β-SiC 的控制步骤。

Mallick 等[53] 以芒果木为起始材料，在 1600℃真空下以液相渗硅法将其转化为 SiC 材料。XRD 显示所得材料为 SiC 和残留 Si 的复合物。在空气中以 1300℃加热 SiC，重量仅增加 2%，说明所得材料有很好的抗氧化性。

侯冠亚等[86] 以液相渗硅法初始硅用量对生物遗态 SiC 陶瓷的性能和结构的影响进行了研究。初始硅用量少，产物为 C/SiC，初始硅用量过多，形成的产物为 SiC/Si。当 Si 和 C 的质量比（$m_{\mathrm{Si}}/m_{\mathrm{C}}$）在 3～4 之间时，可能产生纯的 SiC。此外，不同的初始硅用量对产物的孔隙率和弯曲强度也有影响。随 $m_{\mathrm{Si}}/m_{\mathrm{C}}$ 增加，产物孔隙率降低，而弯曲强度和断裂韧度增加。

侯冠亚等[87] 也以恒温时间对 SiC 的性能的影响进行了研究。随 C 和 Si 的反应时间增加，产物的孔隙率降低，弯曲强度和断裂韧度增加。而随着排硅时间从 20min 增加到 60min，轴向和径向的平均弯曲强度分别降低 41.3% 和 54.4%，而轴向和径向的断裂韧度分别下降 45.9% 和 49.7%。

此外，乔冠军、Zollfrank、Pancholi 等也分别对液相渗硅法制备 SiC 进行了相关研究[50,51,67]，如图 1.9 所示。

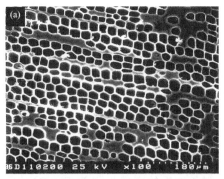

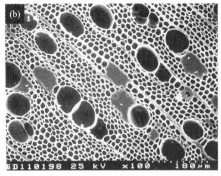
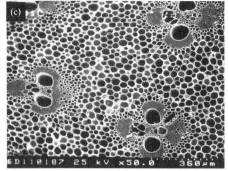

图 1.9 以液相渗硅法制备的 SiC 材料

(a) 松木；(b) 桦木；(c) 竹子[50]

③ 气相渗透技术

由于液相渗硅技术得到的是 Si/SiC 的复合材料，溶胶-凝胶和碳热还原技术虽然可得到较纯的 SiC，但是一般使孔壁变薄，导致机械强度降低，因此科研人员把目光转向气相渗透技术。气相渗透技术多用于制备生物遗态 SiC，也有研究者用来制备 TiC，按渗入的 Si（或 Ti）源不同可以分为三种：气相 Si 渗透、SiO 渗透和化学气相渗透与反应（Chemical Vapor Infiltration and Reaction，CVI-R）技术。气相 Si 渗透技术是将炭模板置于 Si 粉上层，高温下产生的 Si 蒸气与 C 直接反应，形成 SiC；SiO 渗透技术是以高温下 Si 和 SiO$_2$ 反应产生的 SiO 气体与 C 反应产生 SiC；CVIR 技术则以 H$_2$ 为载气，将 CH$_3$SiCl$_3$ 或 TiCl$_4$ 渗入到炭模板表面，然后通过高温处理制备 SiC 或 TiC 材料。

Vogli 等[77] 对气相 Si 渗透技术制备 SiC 进行了研究。他们将松木转化为炭模板，然后把硅粉放入石墨坩埚底部，将炭模板置于硅粉上方，放入高温炉中加热至 1600℃，高温下熔融硅产生的 Si 蒸气与 C 直接反应，生成 SiC。根据不同的渗透时间，产物中 SiC 含量不同。4h 的气相硅渗透，产物中 SiC 含量为 92%，8h 后可达 94%。XRD 分析显示，随时间的增加，SiC 峰增加，C 峰降低，同时，反应过程中一直没有 Si 峰出现。反应后，产物的密度增加，孔隙率降低，比表面积由炭模板的 46m^2·g^{-1} 减少为 SiC 的 3.3m^2·g^{-1}。

钱军民等[54] 以椴木为起始材料，利用气相 Si 渗透技术将其转化为 SiC。XRD 显示最终的产物为 β-SiC 和少量未反应的 C。他们认为气相 Si 渗入到炭模板内部后，立刻与孔壁表面的 C 发生气固反应生成 SiC，这个过程非常快。表面形成的 SiC 将气相 Si 与未反应的 C 隔开，反应要进一步进行，气相 Si 必须扩散穿过 SiC 层。由于 Si 穿过 SiC 层的扩散系数较小，因此扩散过程成为 SiC 形成的控制步骤。同时，炭模板转化为 SiC 后，弯曲强度从 7.5MPa 增加到 50MPa，而孔隙率从 65% 降到 55%。

Kim 等[55] 则利用 SiO 渗透技术将橡木转化为中空的 SiC 微管。他们只选择橡木中沿径向孔径大约在 5~10μm 的部分，将所选木块在 1000℃下炭化制成炭模板，然后将炭模板置于氧化铝坩埚中 Si 和 SiO$_2$ 混合物的上面，炭模板与 Si 和 SiO$_2$ 混合物的质量比为 1∶10，最后在惰性气氛下（Ar 和 H$_2$ 体积比为 80∶20）升温至 1450℃并恒温 9h。在高温下，Si 和 SiO$_2$ 反应生成 SiO，SiO 再与 C 反应生成 SiC，具体的反应过程由式(1.5)和式(1.3)组成。

$$SiO_2(s) + Si(s) = 2SiO(g) \tag{1.5}$$

SiC 也可能通过式(1.4) 的反应形成。同气相 Si 渗透相似，也是 SiO 快速与 C 反应生成 SiC，然后扩散通过形成的 SiC 层，继续与 C 反应形成 SiC。反应结束后，产物在空气中 650℃烧 2h，除去残留的 C。制备出的 SiC 微管如图 1.10 所示。

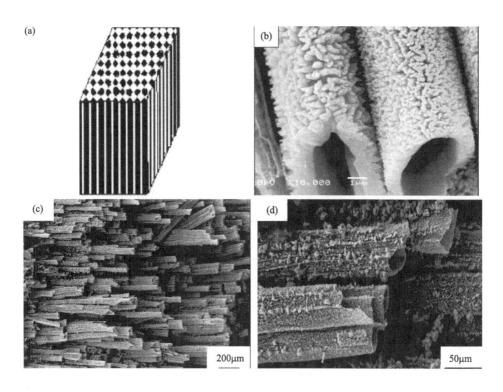

图 1.10　气相渗透法制备的 SiC 微管[55,69]

钱军民等人[69] 也利用 SiO 渗透技术将椴木转化为 SiC 中空纤维。所采用方法和 Kim 的相似，制备分散开的 β-SiC 微管。他们也以与 Kim 相同的机理对反应进行了解释，认为在炭模板转化为 SiC 的过程中，C 和 SiC 的热膨胀系数相差很大，导致出现很大的体积改变，微管之间的界面产生很大的应力。同时，反应过程中微管外围的 C 有很大的消耗。这两个因素导致炭模板转化为大量单个的中空微管。

Sieber 等人[78] 以 CVI-R 技术制备了 TiC 陶瓷。具体操作为：将松木转化为炭模板，然后在高于 1200℃的温度下，以大量的 H_2 为载气，将 $TiCl_4$ 携带渗入炭模板的内部。在 H_2 的作用下，$TiCl_4$ 热分解生成 Ti 沉积在炭模板的内表面，随之与 C 反应生成 TiC。

Streitwieser 等[14,38] 则利用 CVI-R 技术将废纸转化为 SiC。他们先将纸片转化为炭模板，置于管式炉反应器，以 H_2 和 He 的混合气为载气，将甲基三氯硅烷（MTS，CH_3SiCl_3）载入反应器，在 800～900℃，MTS 在 H_2 的作用下，分解为 Si/SiC 沉积在炭模板表面。随后温度升至 1250～1600℃，使 Si 与炭模板反应，将纸转化为 SiC。

（4）生物遗态氮化物材料

除了碳化物和氧化物两种用途广泛的陶瓷材料以外，人们也开始研究其他生物遗态陶瓷材料，如 Si_3N_4、TiN 等。所用的制备方法与碳化物和氮化物基本相似，如溶胶-凝胶和碳热还原技术、CVI-R 技术等。

Luo 等人将松木炭化为炭模板，把 TiO_2 溶胶渗入其中，在高纯氮气氛下碳热还原将松木转化为 TiN[83]，分析表明产物中存有残留的 C，为 TiN/C 的复合材料。氮化程度取决于温度和氮气的流量。制备出来的 TiN 陶瓷较完整地保持了原材料松木的微观结构。

Ghanem 等人以废纸为模板，采用 CVI-R 技术，在 $SiCl_4/H_2/N_2$ 反应体系中，Si 渗入炭模板内部，高温下 Si 与 N_2 反应，将炭模板制备成多孔的 Si_3N_4 陶瓷[88]，如图 1.11 所示。

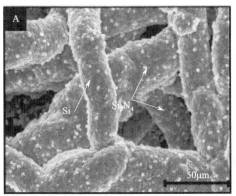

图 1.11　由废纸转化而来的 Si_3N_4[84]

除了上述介绍的以外，最近人们还利用生物模板制备出了其他种类的材料[16,17,89-94]，例如 Dong 等以蛋壳膜为模板，以 Sn（NO_3）$_2$ 为渗透剂，将渗入 Sn（NO₃）₂ 的蛋壳膜在空气中灼烧，制备出多孔的 SnO_2 材料[16]。Rambo 则将具有天然纤维质的海绵转化为模板，高温下 Al 蒸气与 C 反应生成 Al_4C_3，再在 1600℃下空气中煅烧 3h，Al_4C_3 与 O_2 反应生成 Al_2O_3 多孔材料[17]。

1.3　生物遗态材料应用

生物遗态材料具有耐高温、耐磨损、耐腐蚀、生物相容性好等优点，在能源、医药及光电材料等领域都有着很大的应用潜力。

（1）生物遗态材料在农业领域的应用

生物遗态炭的土壤环境效应主要作用于土壤肥力与结构、重金属、有机污染物、植物生长与农作物产量和微生物群落等方面。研究人员发现利用这一作用不仅可以降低土壤中有毒有害元素的含量，进行土壤修复，还可以改善土壤的微生态环境，增加土壤肥力，起到促进植物生长的作用。Al-Wabel 等[95]以椰枣为原材料分别在 300℃、500℃和 700℃制备生物遗态炭，对添加了椰枣及其衍生炭的重金属污染矿区土壤进行了为期 30 天的培养实验。研究了不同施用量对土壤呼吸、微生物量碳（MBC）、土壤有机碳（SOC）、重金属（镉、铜、铅、锌、锰和铁）迁移率等的影响。结果表明，短期变化不明显，但随着施用量的增加，在 300℃时土壤 pH 值显著降低，而 SOC、呼吸速率和 MBC 显著增加。相反，在 500℃和 700℃下培养初期土壤 pH 值升高，对 SOC、土壤呼吸和 MBC 的影响很小或没有影响。另外，在 300℃下制备的生物遗态炭使 Cd、Cu、Pb 和 Zn 的浓度显著降低，但对 Mn 的影响不明显。700℃时对降低土壤中 Fe 的迁移率有显著效果，特别是随施用量的增加效果更明显。可以看出，低温生物遗态炭除了减少土壤中 CO_2-C 的流出外，还可以改善采矿污染土壤中重金属的迁移。

（2）生物遗态材料在生物工程领域的应用

在生物医学方面的应用已成为生物遗态材料研究的一个热点。一些生物遗态材料具有良好的生物相容性、良好的骨诱导作用、生物可降解性、稳定的理化性能和无毒副作用而被用于制作生物医用材料，目前主要应用于骨科和牙科。Gonzalez 等人将其作为一种新型的材料应用于医学移植[96, 97]。医学移植最大的挑战在于寻求一种轻质的，具有高的机械强度、高的耐磨性以及好的生物反应性的材料，而来源于木材的生物遗态 SiC 是一个很好的选择。Gonzalez

对生物遗态 SiC 进行脉冲激光消融，然后在表面包覆生物活性物质。将样品进行活体测验显示，样品表面形成一层厚厚的磷酸钙，有很好的生物反应性。

（3）生物遗态材料在环保领域上的应用

水质污染例如染料废水和重金属废水等对生态环境和人类健康都有很严重的危害。

染料废水中含有较多的有机物质，并且具有化学需氧量（COD）高、色度高、化学性质稳定、结构复杂等特点，因此处理较为困难。染料在水中会消耗大量的氧气，沉积于水底又会分解出硫化氢等有毒气体，对水源及水生生物造成致命的威胁。偶氮类染料能分解产生 20 多种致癌芳香胺，对人体的神经系统和血液系统等产生危害。

重金属污染主要是大量废水和固体废弃物没有经过有效的处理，直接排放到江水河流中，造成水中的重金属含量急速升高，不仅污染江河湖泊等水域，也会造成大量鱼类等生物的死亡。重金属在人体内能和蛋白质等发生强烈的相互作用，使它们失去活性，也可能在人体的某些器官中累积，造成慢性中毒，轻则头痛头晕、失眠健忘，严重的话会造成神经错乱、癌症等病症。

吸附法简单方便，成本低廉，吸附剂具有较大的比表面积与多孔结构，可将废水中的杂质分子牢牢地吸附在表面，去除率较高。燕山大学的胡晓辉[98]通过生物模板法制备形貌不同的生物遗态 ZnO 和 Al_2O_3，发现以豆秆为模板制备的生物遗态氧化锌对 Pb^{2+} 的吸附量为 $77.66mg \cdot g^{-1}$，去除率可达到 96.61 ％ ，可作为一种理想的含铅废水处理的吸附剂。同时以海发菜和松花粉为模板制备的生物遗态氧化铝对甲基蓝也表现出良好的吸附性能。

Zhao 等[99] 首次以生物质香草基聚合物为原料，采用静电纺丝技术制备含醛纳米纤维膜。通过连续的席夫碱反应、还原反应和质子化反应，三步反应使原本疏水的纳米纤维膜变得亲水。所产生的膜作为吸附剂去除阴离子污染物表现良好，对甲基橙和十二烷基硫酸钠的最大吸附量分别为 $406.6mg \cdot g^{-1}$ 和 $636.0mg \cdot g^{-1}$。纳米纤维膜在六次吸附/解吸循环中表现出高的可重用性和稳定性。

（4）生物遗态材料在储能领域的应用

① 电池电极材料

随着新型材料的发展，生物遗态炭的导电性越来越受到关注。Wu 等[100]以低成本的生物质甲壳素为原材料制备具有 3D 网络状结构的可再生 N 掺杂碳

（C-NC），与高活性石墨烯（GN）和具有类石墨层状结构的高度有序的石墨碳氮化物（g-C$_3$N$_4$）结合，开发了一种设计良好的低成本锂硫电池的正极材料 C-NC/GN/g-C$_3$N$_4$。C-NC/GN/g-C$_3$N$_4$ 保持了由二维超薄石墨烯片组装而成的三维网络状形貌，并具有高比表面积和吸引人的宏观/介孔特征。杂化物结合了高导电性石墨烯促进电子快速转移，g-C$_3$N$_4$ 对中间多硫化物具有有效的化学吸附性以抑制不利溶解的优点，以及具有高比表面积的 C-NC 三维网络结构快速的离子扩散通道和足够的电解质渗透作用，减轻了硫阴极在循环过程中的结构变化，显示出优越的倍率性能和显著的循环性能。即使连续充电/放电 500 次，仍能保持约 1130mA·h·g^{-1} 的高可逆容量。这种可再生的生物遗态材料在锂电池中具有巨大的应用潜力，为进一步提高锂电池的能量密度和超长寿命提供了一种有前景的低成本策略。

② 超级电容器电极材料

基于导电多孔炭基体和电活性元件的耦合是设计高性能超级电容器的一条很有前途的途径。Gong 等[101] 以竹子为原材料制备了三维多孔的石墨化生物遗态炭（PGBC），用作超级电容器电极。PGBC 电极在 0.5A·g^{-1} 上具有 222F·g^{-1} 的比电容。以该电极组装了对称超级电容器，该对称超级电容器在功率密度为 100.2W·kg^{-1} 时能量密度为 6.68 W·h·kg^{-1}，在功率密度为 10kW·kg^{-1} 时能量密度为 3.33W·h·kg^{-1}，表现出良好的性能。

Fu 等[102] 以木质素磺酸盐为原料，草酸锌作为造孔剂，采用绿色简便的气体剥离和原位模板法成功地合成了多孔准纳米炭片。制备的纳米炭片具有较大的比表面积、丰富的孔隙率和合理的孔径分布，不仅为电解质的快速扩散提供了通道，而且为电荷储存提供了足够的活性中心。由此组装的对称超级电容器在高功率密度 6157.9W/kg 的双电极系统中表现出 9.75W·h·kg^{-1} 的高能量密度。

③ 染料敏化太阳能电池

染料敏化太阳能电池（DSC）是由染料吸附的介孔二氧化钛薄膜和一个铂或碳计数器光电阳极组成，薄膜内充满碘化物/三碘化物氧化还原电解质。光电阳极的性能直接影响到电池的集光效率，进而影响到电池的整体效率。因此，越来越多的研究致力于通过对二氧化钛光电极的优化和处理来提高 DSC 的性能。Zhang 等[103] 以巴黎翠凤蝶和紫斑环蝶的翅膀作为生物模板，成功合成蝴蝶翼微观结构二氧化钛光电阳极，如图 1.12 所示。

一系列测试表明带有类似蜂窝状结构的巴黎翠凤蝶翅膀比紫斑环蝶翅膀有

更大的光吸收效率。因此，一旦入射到这种结构上的光比普通结构散射得更有效，就能实现更大的光吸收。准蜂窝结构二氧化钛光电阳极具有良好的光吸收效率和较高的表面积，在集光效率和染料吸附方面具有很大的优势。同时，该制备方法也为生产光学、磁性材料，或电子器件或元件提供了一种思路。

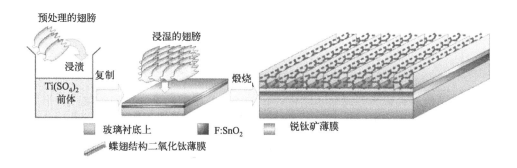

图 1.12　合成的蝶翼微结构光电阳极的简化示意图[103]

（5）生物遗态材料在催化领域的应用

过渡金属催化反应存在着成本高、环境污染、稳定性差等问题，研究者一直在寻找可替代的低成本高效材料来解决上述问题。其中，生物遗态材料制备的催化剂由于具有优良的耐热性、良好化学惰性、高电导率、大的比表面积等优点，相较于纯金属和稀贵金属材料，表现出优异的环境友好性，稳定性也较高，且相对成本低廉，具有很好的发展前景。

陈巍[104] 利用从黄竹中提取的木聚糖类半纤维素制备了不同的负载型催化剂，催化性能良好，并且在重复使用 6 次后催化效果没有明显的降低。而以农林废弃物蔗渣为原料制备的催化剂在连续使用 5 次后，仍表现出良好的稳定性和催化活性。Ye 等[105] 通过石墨化和氮掺入技术制备了一种以苎麻皮为原料的无金属生物遗态炭基催化剂（PGBF-N）。PGBF-N 引发了过氧单硫酸盐（PMS）的多相催化，其降解速率是原始生物遗态炭的 7 倍。

（6）生物遗态材料在敏感元件上的应用

此外，生物遗态材料还可用于一些需要高灵敏度的探测及分析领域中。NH_3 是一种重要的化工原料，也是一种极易引起环境污染的有毒气体。刘欢[106] 以炭化后的汉麻秆为模板，采用水热法和高温煅烧制备了 Co_3O_4、Ni-Co-O 和 In_2O_3-Co_3O_4 纳米材料，并以这些纳米材料作为关键材料制造了传感器。在众多的金属氧化物中，Co_3O_4 因其储量丰富和无毒的特点在近年来受到了气体传感器研究人员的更多关注。研究表明制备的 Ni-Co-O 和 In_2O_3-Co_3O_4 纳米复合材料对 NH_3 具有好的气敏选择性、高的响应性、短的响应时间、低的检测限、好的重复性和高的稳定性，其气敏性能和单一 Co_3O_4 纳米材料相比，得到了显著提升。

1.4 本书的主要研究内容

生物质具有特殊的分级孔结构，孔径分布在纳米到毫米级的范围内，把其转化为保持原材料微观结构的无机材料，将在催化、分离与吸附、环保、储能等领域有广泛的应用，比如用作催化剂载体、电极材料、废水和高温尾气处理材料等。而生物遗态炭基材料由于成本低、制备方法简单、应用广泛成为研究的热点。本书以不同的植物为原材料，分别制备不同形貌结构的生物遗态炭材料和生物遗态 SiC 材料，并把生物遗态炭作为电极材料应用在储能领域，而生物遗态 SiC 材料应用在甲烷部分氧化制备合成气的反应中。主要研究内容如下：

① 以玉米皮为原材料通过高温热解炭化制备生物遗态炭材料，研究可控形貌继承的转化规律以及不同温度对炭材料形貌和微观结构的影响。

② 以小米、高粱及藕等为原材料通过炭化和硅化两步法制备生物遗态 SiC 材料，研究不同硅化方法对生物遗态 SiC 材料形貌结构的影响，并利用表面分形方法计算炭材料和 SiC 材料的结构相似性。

③ 以制备的生物遗态炭作为电极进行储能研究。以核桃分心木基炭分别作为钾离子电池负极和超级电容器电极，研究生物遗态结构、氮掺杂、比表面积对炭电极储钾以及超级电容器性能的影响；以豆渣为原材料制备 B、N 和 F 共掺杂的生物质炭，研究其在 ORR 和 OER 上作为双功能催化剂的应用。

④ 以小米基的 SiC 为载体制备 Ni 基催化剂，应用在甲烷部分氧化反应中，考察其催化活性，并与传统粉末 SiC 为载体的 Ni 催化剂进行催化性能的比较，研究生物遗态结构对甲烷部分氧化制备合成气催化过程的促进效应。

第2章

生物遗态材料制备方法和表征技术

目前，生物遗态炭基材料存在多种制备技术，如生物遗态炭材料的直接炭化法、水热炭化法等，以及从炭向其他无机材料转化的生物遗态炭模板技术。生物遗态炭基材料结构和应用也存在多种表征技术。本章中，简单地介绍本书研究内容中所涉及的制备方法和表征手段。

2.1 生物遗态炭的制备方法

2.1.1 直接炭化法

直接炭化法是直接将生物质在惰性气氛（一般为氮气或者氩气）下置于高温炉中进行热解，去除生物质原料中的非碳元素（O、H、N 等），在高温条件下碳原子富集形成炭材料。热解过程中，会伴随轻质气体（CO、CO_2、H_2O 等）的逸出和液相焦油的释放。

直接炭化法成本低廉，工艺简单，能够较好地保持原材料的外观形貌和微观结构，但制备的生物遗态炭材料一般比表面积较小。

直接炭化法的温度一般在 1000℃ 以下，温度过高，会造成有机物的大量分解，产物残碳率低。温度过低又会造成有机物分解不完全，孔结构不发达，表面结构和比表面积小。

2.1.2 水热炭化法

早在 20 世纪初，水热炭化法就已经被用于炭材料的制备。1913 年，Bergius 以纤维素为原料通过水热转换制备了类煤物质。1932 年 Berl、Schmidt 两人对更多种类的生物质材料进行了水热处理。水热炭化法是以生物质等含碳物质为原料，水作为反应溶剂，在高温高压和超临界水的作用下，构成生物质的纤维素、半纤维素和木质素等水解形成以单糖为主的小分子，这些小分子通过聚合或缩合反应形成可溶性的芳香化合物，随着芳香化合物浓度的增加，当水热温度大于某个阈值时出现成核现象并形成炭材料。

由于水热炭化不需要脱水干燥的前处理，因此对原料的水分要求低。同时，水热反应过程中不会产生有害气体，与热解法相比更加环保无毒。此外，低温水热处理所需反应温度一般较低，通常在 300℃ 以下，因此水热炭化法也具有能耗低的特点。

2.1.3 活化法

通常直接炭化法和水热炭化法制备的生物遗态炭材料比表面积小，这极大限制了材料的应用。活化法能够引入大量的孔结构以增加材料比表面积。目前制备高比表面积生物遗态炭的活化法通常分为物理活化法、化学活化法、物理-化学活化法。

物理活化法又称为气体活化法，首先对生物质进行高温无氧炭化处理，去掉原料中的挥发成分，然后将得到的样品在氧化性气氛中（CO_2、H_2O）进行氧化，并扩大产品的孔隙率，进而增大其比表面积。相较于其他的制备方法，物理活化法具有成本低、工艺简单、成品率高、仪器损耗低等特点，而且制备出的产品无需二次加工，可以直接使用。

化学活化法是指将生物质材料浸泡在一定浓度的化学药品中，随后在惰性气氛中进行炭化。所用的活化剂一般有 KOH、K_2CO_3、$ZnCl_2$ 和 H_3PO_4 等。化学活化法具有造孔能力强和更加经济适用的优点，制备的炭材料具有较宽的孔径分布和较高比表面积，是目前应用最多的活化方法。但化学活化法也存在化学试剂用量大、污染环境的问题。

物理-化学活化法是将物理活化法和化学活化法交叉联用的方法，指首先使用化学活化剂对生物质材料进行浸泡，然后在惰性气氛下进行高温炭化，最后经气体活化得到生物质炭的方法。物理-化学活化法可以调控生物遗态炭的孔径和比表面积，但是该方法的操作较为复杂，成本较高。

2.2　生物遗态 SiC 的制备方法

生物遗态 SiC 的制备主要采用生物遗态炭模板技术，包括液相渗硅法、溶胶-凝胶和碳热还原法与气相渗硅法。

2.2.1　液相渗硅法

液相渗硅是液相熔融的 Si 与 C 直接反应生成 SiC 的方法。以生物遗态炭作为模板，将炭模板与过量的硅粉充分混合，置于高温炉内，在惰性气体的保护下，升温至 1400℃以上，使熔融的 Si 与 C 反应，最终转化为生物遗态 SiC 材料。此方法炭模板和 Si 反应比较完全，反应过程受 Si 在 SiC 层扩散的影响。

2.2.2　溶胶-凝胶和碳热还原法

溶胶-凝胶和碳热还原法是将 SiO_2 溶胶与炭模板充分接触，然后在高温下发生 C 和 SiO_2 的碳热还原反应生成 SiC 的方法。首先制备 SiO_2 溶胶［如用正硅酸乙酯（TEOS）、乙醇和盐酸］，将制备好的溶胶充分渗入到炭模板的孔道中，在 100℃下使溶胶凝胶化，然后在惰性气体保护下高温碳热还原，制备出生物遗态的 SiC 材料。溶胶-凝胶和碳热还原法工艺简单，成本低。但此方法制备的 SiC 材料机械强度不高，结构容易遭到破坏，主要原因是受孔结构影响，将溶胶渗入到炭模板的孔道困难，难以使所有的碳骨架和 SiO_2 溶胶接触充分反应，除炭后孔结构遭到破坏。另外，碳热还原反应复杂，C 除了与 SiO_2 反应生成 SiC 外，还生成 CO 气体，从而使碳骨架不能完全转化为 SiC。

2.2.3　气相渗硅法

气相渗硅法是在高温下获得气相 Si 源，如 Si 粉高温气化，或者 Si 和 SiO_2 反应产生的 SiO 气体，使 Si 蒸气或 SiO 气体与 C 直接发生反应生成 SiC 的方法。气相渗硅法反应过程也会受到气相 Si 源在 SiC 层扩散的影响。

2.3　生物遗态炭负极钾离子电池的制备

采用 CR2032 型纽扣电池进行组装半电池。如图 2.1 所示，组装电池的顺序分别是正极壳、垫片、钾片、电解液、隔膜、电解液、极片、垫片、弹片和负极壳。组装电池时所有的操作均是在氩气气氛下无水手套箱里进行的。经压力密封后，电池静置 12h 以上才可进行电化学测试。

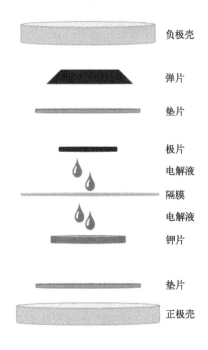

负极壳

弹片

垫片

极片

电解液

隔膜

电解液

钾片

垫片

正极壳

图 2.1　钾离子电池组装顺序

2.4　材料的表征与分析

2.4.1　X 射线衍射仪

德国物理学家 Laue 等人于 1912 年首次在实验上证实了 X 射线与晶体之间能够发生衍射现象。随后，Bragg 父子在此基础之上提出了布拉格方程，并成功测定了 NaCl、KCl 等的晶体结构，为今后晶体结构的测定奠定基础。到目前为止，X 射线衍射已经被广泛应用于物质结构的测定、分析之中，是材料物相、晶体结构研究的重要方法之一。

X 射线衍射仪（X-Ray Diffractomer，XRD）的原理是当一定波长的激发源照射到特征的物质上时，X 射线会因不同物质结构特征发生偏折，被散射的

X 射线在一定方位上相互叠加得到增强，而满足布拉格反射条件（$2d\sin\theta=n$）晶面上的粒子能产生最强的衍射现象。由于每一种物质的衍射图是不同的，对比标准的卡片可判断出该材料的物相组成。

本书中通过 X 射线衍射对样品的相结构进行表征，使用的衍射仪为 Philips 公司的 X'PertPro，选取 Cu-K$_\alpha$ 靶，发射线波长为 $\lambda=1.5406$Å（1Å=0.1nm）。

2.4.2　扫描电子显微镜

扫描电子显微镜（Scanning Electron Microscope，SEM）是利用高能电子束轰击贴在金属样品台的样品表面，发散出二次电子、背散射电子、X 射线等信号，将这些光学信号汇集并转化为电学信号显示在屏幕上，获得扫描电镜的图像。扫描电镜对于测试样品的要求较低，粉末、薄膜样品均可以测试，并且制备过程简单。由于具有焦深大的优势，可以清晰聚焦于复杂且粗糙的样品表面，图像有很强的立体感，更容易被识别及分析。

本书中采用德国 ZEISS 公司的 SUPRA-55 型扫描电子显微镜对样品进行微观形貌的观察分析，所有测试工作电压均为 15kV。

2.4.3　透射电子显微镜

1934 年，Ruska 和 Knoll 制造出了第一台透射电子显微镜（Transmission Electron Microscope，TEM），之后随着制样技术的改进、分辨率的提高以及晶体电子衍射理论的发展，透射电子显微学逐步发展壮大，为各领域研究人员所广泛应用。TEM 具有极高的放大倍数和分辨率，能够提供材料的晶体结构、化学成分和组织结构等多方面信息。

透射电子显微镜的工作原理是由电子枪发射出来的电子束，在真空通道聚成一束尖细、明亮而又均匀的光斑，照射在样品上；透过样品后的电子束携带有样品内部的结构信息；将这些电子携带的信息汇聚并放大，在显示屏中显现出最终的透射电镜图像。

2.4.4　拉曼光谱仪

拉曼光谱分析法是基于印度科学家 C.V.Raman 所发现的拉曼散射效应，

对与入射光频率不同的散射光谱进行分析以得到分子振动、转动方面的信息，应用于分子结构研究的一种方法。

拉曼光谱仪工作原理：当光线照射到分子并且和分子中的电子云及分子键产生相互作用，就会发生拉曼效应。对于自发拉曼效应，光子将分子从基态激发到一个虚拟的能量状态。当激发态的分子放出一个光子后并返回到一个不同于基态的旋转或振动状态，在基态与新状态间的能量差会使得释放光子的频率与激发光线的频率不同。如果最终振动状态的分子比初始状态时能量高，所激发出来的光子频率则较低，以确保系统的总能量守恒，这一个频率的改变被称为斯托克斯散射。如果最终振动状态的分子比初始状态时能量低，所激发出来的光子频率则较高，这一个频率的改变被称为反斯托克斯散射。拉曼光谱仪通常测定的大多是斯托克斯散射，也统称为拉曼散射。

散射光与入射光之间的频率差称为拉曼位移，拉曼位移与入射光频率无关，它只与散射分子本身的结构有关。拉曼位移取决于分子振动能级的变化，不同化学键或基团有特征的分子振动，决定了其能级间的能量变化，与之对应的拉曼位移也就具有特征，这是拉曼光谱作为分子结构定性分析的依据。

本书中主要检测样品中的碳峰，利用 D 峰、G 峰的强度比表征样品的石墨化程度。

2.4.5　孔径及比表面积仪

比表面积和孔径分布分析有两种方法：动态的流动色谱法和静态容量法。静态容量法比表面积及孔径分布测试仪，无论从原理和测试精准度上，还是从测试成本及操作难易程度上，均具有流动色谱法无法比拟的优势。

比表面积与孔径分布分析的静态容量法气体吸附技术原理：在低温（如液氮浴，77.3K）条件下，向样品管内通入一定量的吸附质气体（如 N_2），通过控制样品管中的平衡压力直接测得吸附分压，根据气体状态方程（$pV=nRT$）得到该分压的吸附量。通过逐渐通入吸附质气体增大吸附平衡压力，得到吸附等温线。通过逐渐抽出吸附质气体降低吸附平衡压力，得到脱附等温线。通过各种理论模型进行比表面积和孔径分布的计算。

本书中采用北京彼奥德电子公司的 SSA-4300 型孔径及比表面积仪。

2.4.6　X 射线光电子能谱仪

X 射线光电子能谱仪（X-ray Photoelectron Spectroscopy，XPS）作为表面分析领域中较新的分析方法，是由瑞典科学家 Siegbahn 于 20 世纪 60 年代研发而成。经过在理论上的推进及技术上的发展，XPS 从定性分析化学元素慢慢发展到定性、半定量分析表面元素，成为元素化学价态分析的重要工具之一。

XPS 以 Al 的 K_α 射线作为发射源，主要表征材料表面元素及其化学状态。原理是使用 X 射线与样品表面相互作用，利用光电效应，激发样品表面发射光电子，利用能量分析器，测量光电子动能进而得到激发电子的结合能。

本书主要使用 XPS 测试样品中碳、氧、氮以及官能团含量。

2.4.7　压汞分析仪

压汞分析仪使用汞侵入法来测定材料总孔体积、孔径分布、孔隙率、密度等。对于圆柱形孔模型，汞能进入孔的大小与压力符合 Washburn 方程，控制不同的压力，即可测出压入孔中汞的体积，由此得出对应不同压力的孔径大小的累积分布曲线或微分曲线。

样品的孔结构分析在意大利 PASCAL 140/240 型压汞分析仪上进行。孔径范围：≥1.8nm（孔半径）；粒度范围：≥0.01μm；压力范围：≤400MPa。通过电容法测定体积变化求得颗粒的孔径分布、粒度分布、计算密度、表观密度、总孔体积等。

2.4.8　热重分析仪

热重分析（TGA）仪是一种利用热重法检测物质温度-质量变化关系的仪器。热重法是在程序控温下，测量物质的质量与温度（或时间）变化关系的一种热分析技术。当被测物质在加热过程中有升华、气化、释放气体或失去结晶水时，质量就会发生变化，热重曲线也会有所下降。通过分析热重曲线，可测量出物质在不同温度下的失重情况。

本书中对生物质的失重和催化剂的积炭分析采用美国 Perkin-Elmer TGA7 热重分析仪。生物质的失重分析采用氩气气氛。升温速度为 10℃/min。

2.4.9 颗粒强度测定仪

颗粒强度测定仪是用于颗粒料抗压碎强度检测的记录仪器，尤其适于圆球状或圆柱状的颗粒料，具有体积小、测量值直读、精度高、使用方便等优点，是催化剂、颗粒等样品强度测定较为理想的新一代试验仪器。

本书中以 KQ-2 型颗粒强度测定仪测定样品的颗粒强度，测量范围：约 80N，测量精度：±1%。

2.4.10 电感耦合等离子体原子发射光谱仪

电感耦合等离子体原子发射光谱仪（ICP-AES），其原理是以电感耦合等离子体作为激发光源，使样品原子化、激发产生发射光谱，待测元素原子的能级结构不同，因此发射谱线的特征不同，据此可对样品进行定性分析；而待测元素原子的浓度不同，因此发射强度不同，可实现元素的定量测定。主要用于大多数金属元素和硅、硼、磷、硫等少量非金属元素的微量分析，广泛应用于化学化工、地质矿物、金属材料、环境检测及生物样品等分析领域。

以美国 Atomscan 16 电感耦合等离子体原子发射光谱仪检测催化剂的活性组分含量。

2.5 电池的电化学性能测试

（1）充放电测试

充放电测试是了解电极电化学性能优劣最直观的测试手段，直接地观察到电池的充放电容量以及其循环稳定性。本书中的充放电测试采用恒电流充放电方式，充放电电压窗口为 0.005~3V，在武汉蓝电公司生产的 LandCT2001A 系统中进行。

（2）电化学阻抗测试

电化学交流阻抗（Electrochemical Impedance Spectroscopy，EIS）的基本原理为：通过施加小振幅的频率变化的交流微扰电势波，测量交流电势与产生的交流信号的比值随正弦波频率 ω 的变化，分析电极材料动力学和离子扩散等性能。本书中电化学阻抗测试的振幅为 10mV，频率范围是

0. 1Hz～100kHz。

（3）循环伏安测试

循环伏安测试（Cyclic Voltammetry，CV）是研究电化学反应可逆性的重要方法之一，通常采用三电极体系电化学工作站测试系统。循环伏安是测试电极材料在氧化还原反应过程中，氧化还原峰电位的变化情况。本书的测试电压范围是 0.005～3V，扫描速率是 $0.1～2mV \cdot s^{-1}$。

2.6　电催化剂性能测试

（1）工作条件

在 CHI760E 电化学工作站的 Ar 和 O_2 饱和的 KOH 电解液（0.1mol/L）三电极体系中测定 ORR 和 OER 的电化学性能。工作电极是玻碳电极，对电极是石墨电极，参比电极是饱和甘汞电极（SCE）。以质量分数为 20% Pt/C 和 RuO_2 为实验对比催化剂。通过能斯特方程将确定的电化学势和相对于 SCE 的起始电位（$\varphi_{起始}$）转换为相对于标准可逆氢电极（RHE）的电位，碱性电解质中 RHE 和 SCE 之间的电位差为 1.01V。

（2）循环伏安曲线（CV 曲线）和线性扫描伏安曲线（LSV 曲线）

在旋转圆盘电极（RDE）上测试 CV 曲线和 LSV 曲线。CV 曲线在电压窗口为 -1.0 至 0.2V，电位扫描速率为 $50mV \cdot s^{-1}$ 的条件下进行测试。在电位扫描速率为 $10mV \cdot s^{-1}$，以 400 至 1600r/min 的旋转速度测试 LSV 曲线。

（3）催化剂的电子转移数（n）计算

n 通过用 Koutecky-Levich（K-L）方程[式（2.1）和式（2.2）]处理 LSV 曲线获得。

$$\frac{1}{J} = \frac{1}{J_L} + \frac{1}{J_K} = \frac{1}{B\omega^{1/2}} + \frac{1}{J_K} \tag{2.1}$$

$$B = 0.62nFc_0D_0^{2/3}\nu^{-1/6} \tag{2.2}$$

其中 J 是测量的电流密度；J_L 是极限扩散电流密度；J_K 是动力学极限电流密度；ω 为电极转速；F 是法拉第常数，值为 $96485C \cdot mol^{-1}$；ν 是电解质的运动黏度（$0.01cm^2 \cdot s^{-1}$）；c_0 是 O_2 在电解质中的溶解度（1.2×10^{-6} $mol \cdot cm^{-3}$，在 0.1mol/L KOH 水溶液中的溶解度）；D_0 表示 O_2 在

0.1mol/L KOH 溶液中的扩散系数（$D_0 = 1.9 \times 10^{-5} cm^2 \cdot s^{-1}$）。

基于旋转环盘电极（RRDE）测量值，n 也可以通过式（2.3）计算，过氧化氢（H_2O_2）的产率可以通过式（2.4）获得。

$$n = \frac{4I_D}{I_D + I_R/N} \tag{2.3}$$

$$H_2O_2 \text{ 的产率}(\%) = \frac{200I_R/N}{I_D + I_R/N} \tag{2.4}$$

其中 I_D 是盘电流；I_R 是环电流；N 是收集效率（0.37）。

（4）利用塔菲尔（Tafel）斜率对催化剂的动力学过程进行评价，Tafel 斜率数值低，说明该步骤具备相对较快的动力学过程。Tafel 斜率数值根据下列公式计算：

$$\eta = a + b\lg j \tag{2.5}$$

其中，η 是某一电流密度下的过电位值；j 是动力学电流密度；a 是 Tafel 常数；b 是 Tafel 斜率。

（5）电化学表面积测量

通过测量与 CV 曲线的扫描速率依赖性相关的非法拉第区间双电层电容电流，计算所有催化剂的电化学活性面积（ECSA）。ECSA 在同一工作电极和电解质（0.1mol/L KOH）上测量。

（6）电催化剂的耐久性和抗甲醇性能

在 O_2 饱和的 0.1mol/L KOH 溶液中采用 i-t 计时电流法来测试电催化剂的耐久性。在测试期间，电位保持在 0.4V，转速为 1600r/min，持续 40000s。在相同的测试条件下，在 300s 时加入 3mol/L 甲醇进行抗甲醇毒性实验。

2.7　SiC 催化剂性能测试

催化剂的活性评价在固定床微型石英管反应器中进行，反应器内径为 8mm，床层长度约为 7mm。反应气为 CH_4 和 O_2 的混合气，其中 CH_4/O_2 的摩尔比在 2 左右。反应温度为 800℃，升温速率为 10℃ · min^{-1}。甲烷部分氧化（POM）反应在常压下进行。尾气分析在 GC-14B 气相色谱仪上进行，使用 TCD 检测器和 TDX-01 分析柱。

第3章

生物遗态炭材料

生物遗态炭材料是从生物质尤其是植物直接转化而来的无机材料，保持了原材料的宏观形貌和微观分级孔道结构，而且其在制备过程中形成的表面缺陷，有助于在电化学储能中的离子吸附，是优良的储能材料。同时，生物遗态炭材料又是制备生物遗态碳化物、氧化物陶瓷的中间体，因此，深入研究生物遗态炭材料具有重要意义。

本章将以常见的农作物废弃物玉米皮为原材料，通过不同温度下的高温热解，制备生物遗态炭材料，并对相应的形貌结构和转化规律进行研究。

3.1 玉米皮的热解行为

同所有植物一样，玉米皮由细胞组成，细胞是构成其形态结构和生理功能的基本单位。玉米皮的细胞包括原生质体和细胞壁两大部分，原生质体是细胞壁内一切物质的总称，包括蛋白质、核酸类、脂类、糖类等有机质和水、矿物质、气体等无机质，其具有液体、胶体和液晶态的特性。细胞壁是原生质体外面的一个硬外壳，具有保护植物细胞形态、保护原生质体、吸收、分泌、运输及识别等生理功能，细胞壁的主要成分是纤维素，也有少量的半纤维素和木质素。细胞主要由 C、H、O、N 等几种化学元素组成，通过高温热解，原生质体分解为轻质组分释放，而由高聚物组成的细胞壁发生热分解、重新聚合转化为碳骨架，玉米皮转化为炭。

为研究玉米皮向生物遗态炭转化的规律，尽可能继承玉米皮的微观结构，首先研究玉米皮的热解行为，图 3.1 就是玉米皮的热解曲线图。从图中可以看出，玉米皮的热解行为始于 100℃以下，到 500℃时热解基本结束，失重最剧烈的阶段发在 240～400℃。根据文献[6,35] 可以推断出玉米皮的热解行为经历以下几个阶段：①150℃ 以下，玉米皮吸附的水分脱附，引起质量的损失；②150～240℃ 玉米皮结构内水分的释放；③在 240～400℃ 内，聚合物解聚，烃链裂解，C—O 和 C—H 键断裂，形成小分子组分 H_2O、CO_2 和 CO 等，这些组分以气体的形式通过开孔系统逸出；④400℃ 以上，芳香化反应发生，芳香结构逐渐形成，500℃ 以上继续深化，碳结构发生重排、缩聚。至 800℃，热分解和重排反应基本结束，残余的氢被释放，仅留下碳簇和碳自由基，炭模板形成。在这个过程中，原生质体内的水在 150℃ 以上开始释放，有机质如蛋白质、糖类、脂类等在 150～400℃ 内发生解聚，形成气体释放出去，而对于组成细胞壁的半纤维素、纤维素和木质素，则依次进行热分解。半纤维素的热解温度在 200～280℃，纤维素的热解温度在 260～350℃，木质素最难分解，热解温度在 280～500℃。与原生质体热分解产物以气体形式释放不同，组成细胞壁的这些高聚物在热解后发生芳香化反应、碳结构重排等，最终转化为炭模板的骨架。

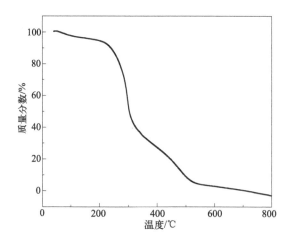

图 3.1 玉米皮的热重曲线

由于原生体质和细胞壁热分解主要集中在 200～400℃，这个阶段热解最为剧烈，释放出大量的 CO_2、CO 和其他有机气体，质量损失最大。因此，在玉米皮向炭模板的转化过程中，应严格控制此阶段的热解条件，减缓升温速率，使玉米皮的热分解在较温和的过程中进行，否则，快速、剧烈的热分解将会导致玉米皮内部结构变形、坍塌，制备的炭模板不能保持原材料的微观结构。在本章中，将 400℃前的升温速率设为 1℃·min^{-1}，使玉米皮内部有机质的解聚在较长时间内进行，制备的炭模板能较好保持与玉米皮相似的内部结构。

热解过程中，H_2O、CO_2、CO 及一些羰基集团通过开孔系统释放出去，造成质量损失，到热解结束，质量损失最大达到 82.5%。质量损失的同时，制备的炭也会发生收缩，收缩程度大约为 30%～40%，因此，各向异性的收缩造成炭模板的外观形貌与玉米皮有轻微的差别。

3.2　生物遗态炭的形貌结构

为了深入研究玉米皮向生物遗态炭转化规律，以及分析温度对生物遗态炭材料性质的影响，将玉米皮在终温 700℃、800℃、900℃、1000℃、1100℃、1200℃、1300℃、1400℃、1500℃和 1600℃下进行高温炭化热解，制备生物遗态炭（标记为 CBC-700，CBC-800，CBC-900，CBC-1000，CBC-1100，CBC-1200，CBC-1300，CBC-1400，CBC-1500，CBC-1600），对制备生物遗态炭的形貌、物相、孔结构、表面性质进行研究。

图 3.2 是干燥玉米皮和 800℃下制备的生物遗态炭的外观形貌，从图中可以看出，生物遗态炭仍保持着玉米皮的片状结构，但明显存在形状的收缩。而且，生物遗态炭由于收缩的不均匀性，表面出现褶皱。

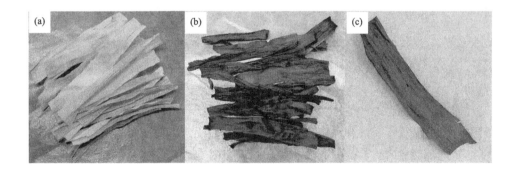

图 3.2　干燥玉米皮（a）及其衍生的生物遗态炭[(b)、(c)]的光学照片

图 3.3 是生物遗态炭的 SEM 照片，从图中可以看出，玉米皮基的生物遗态炭具有管胞状和肋骨状连通分级孔道结构，孔尺寸从 $1\mu m$ 到 10 多 μm，这种结构完全来自玉米皮的天然植物结构，也就是说，通过高温热解，可以将玉

米皮转化为继承原材料的无机生物遗态炭材料。进一步看，在 SEM 上不同温度制备的生物遗态炭微观结构没有大的区别，因此，温度对于微米级别的结构并没有太大的影响。

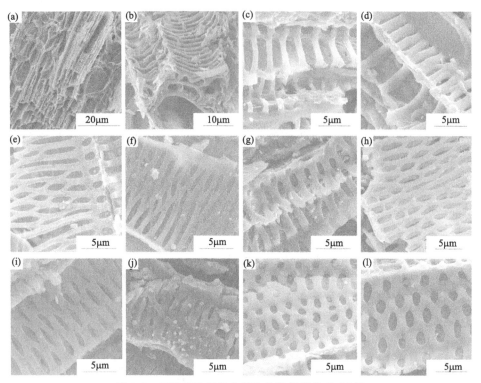

图 3.3　玉米皮及玉米皮基生物遗态炭的 SEM 图

(a)、(b)为玉米皮；(c)～(l)为 700～1600℃制备的玉米皮基生物遗态炭

为进一步分析生物遗态炭的微观结构，对其进行 TEM 表征（图 3.4）。从图中可以看出，所有的样品都呈现非晶状态，为无定形的碳相。结合热解温度可以知道，形成的材料为硬碳。在热解过程中，芳香环中的氢被释放，缺陷逐渐减少，残留碳的晶形程度越来越高。然而，由于细胞壁的纤维结构中存在大量的 O，杂质的存在使得由碳原子六边形环状平面形成的层状结构零乱，晶体缺陷多，晶粒微小，因此形成的炭为无定形碳。进一步观察可知，不同温度制备的样品的石墨化微晶数量以及排列发生了变化。随着热解温度的升高，生物遗态炭中的石墨化微晶数量增加，排列更加规则，特别是 1400℃后，变化更加明显。也就是说，随着热解温度的升高，生物遗态炭的石墨化程度增加。

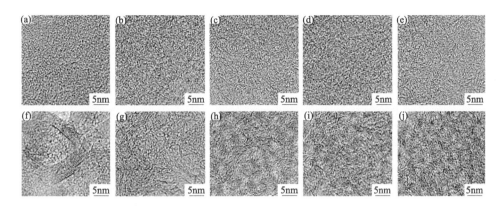

图 3.4　玉米皮基生物遗态炭的 TEM 图

(a)～(j)对应的温度分别为 700～1600℃

3.3　生物遗态炭的物相特征

以 XRD 和 Raman 光谱表征生物遗态炭的物相结构。从图 3.5 可以看出，所有样品都是典型的硬碳结构，在 24.6°和 43.7°处出现两个宽衍射峰，对应于碳的 (002) 和 (100) 平面，表明生物遗态炭中存在大量具有乱层石墨结构的不规整微晶 [图 3.5(a)]。根据布拉格定律，CBC-700、CBC-800、CBC-900、CBC-1000、CBC-1100、CBC-1200、CBC-1300、CBC-1400、CBC-1500 和 CBC-1600 样品的平均层间距 (d_{002}) 分别为 0.382nm、0.381nm、0.382nm、0.360nm、0.367nm、0.363nm、0.379nm、0.363nm、0.353nm 和 0.350nm。可以看出，随着炭化温度的升高，层间距逐渐减小。XRD 分析结果与 TEM 表征一致，再次表明随温度升高，生物遗态炭的石墨化程度升高。此外，所有样品的层间距均大于石墨的层间距（0.335nm），进一步证明生物遗态炭的硬碳结构。

从 Raman 光谱图 [图 3.5(b)] 上可以看出，所有样品的拉曼光谱都显示出两个特征谱带。D 带出现在约 1350cm^{-1} 处，G 带出现在约 1580cm^{-1} 处。D 带代表材料中存在无序的碳或有缺陷的石墨结构，G 带对应于石墨层或碳原子的切向振动，代表类石墨形态的特征指标[107]。D 带与 G 带的强度比（I_D/I_G）可以反映炭材料的结构缺陷数量占材料中的有序分子比例程度[107]。CBC-700、

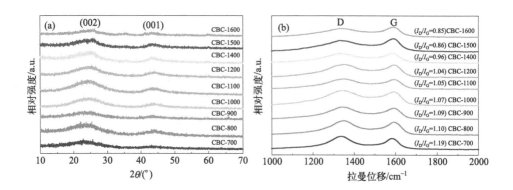

图 3.5 玉米皮基生物遗态炭的 XRD 和 Raman 光谱图

(a) XRD；(b) Raman

CBC-800、CBC-900、CBC-1000、CBC-1100、CBC-1200、CBC-1300、CBC-1400、CBC-1500 和 CBC-1600 的 I_D/I_G 值分别为 1.19、1.10、1.09、1.07、1.05、1.04、0.97、0.96、0.86 和 0.85。随着炭化温度的升高，无序化程度降低，进一步证实了温度与石墨化程度之间的关系。

3.4 生物遗态炭的孔结构特征

进一步对样品进行比表面积测试。图 3.6 为采用 N_2 吸附/脱附的方法测试各样品的吸脱附曲线及孔径分布图。CBC-700、CBC-800、CBC-900、CBC-1000、CBC-1100、CBC-1200、CBC-1300、CBC-1400、CBC-1500 和 CBC-1600 的比表面积分别为 $6.479m^2 \cdot g^{-1}$、$1.698m^2 \cdot g^{-1}$、$3.780m^2 \cdot g^{-1}$、$6.312m^2 \cdot g^{-1}$、$18.179m^2 \cdot g^{-1}$、$16.427m^2 \cdot g^{-1}$、$26.057m^2 \cdot g^{-1}$、$17.220m^2 \cdot g^{-1}$、$16.709m^2 \cdot g^{-1}$ 和 $33.166m^2 \cdot g^{-1}$。这些结果表明，由玉米皮转化而来的生物遗态炭比表面积都很小，且在不同的炭化温度下没有明显的规律性。从图中可以进一步看出，样品的孔径多介于 2nm 到 10nm 之间。结合 SEM 结果呈现的微米级别的孔径，表明生物遗态炭具有尺寸从纳米到微米的分级多孔结构。

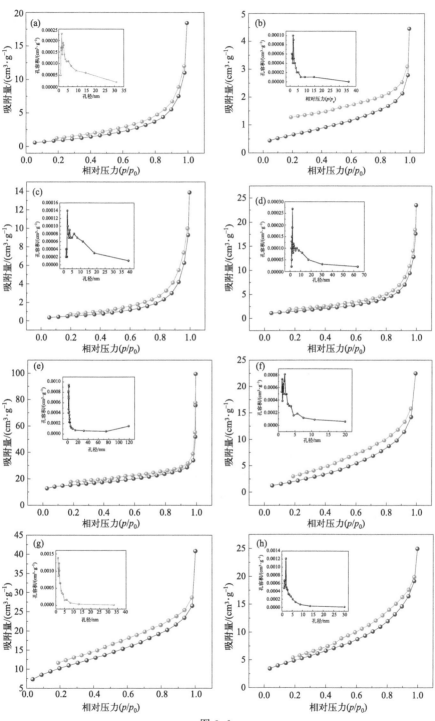

图 3.6

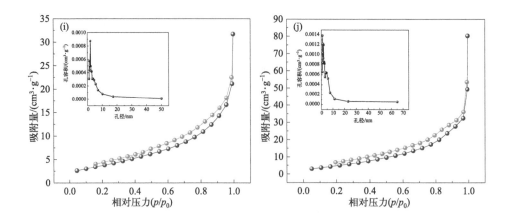

图 3.6　玉米皮基生物遗态炭的 N_2 吸脱附曲线

(a)～(j) 对应的温度分别为 700～1600℃

3.5　生物遗态炭的表面结构特征

为了阐明样品的表面组分和元素键合结构特点，对样品进行 X 射线光电子能谱（XPS）分析（图 3.7）。图 3.7(a) 为各样品的 XPS 总谱，经检测发现共含有三种元素碳、氧和氮。其中 C 为主要元素组成，并伴有少量的 O 和 N。表 3.1 中详细的 XPS 数据表明，随着炭化温度的升高，C 的数量逐渐增加，而 O 和 N 的数量减少。在热解过程中，玉米皮经历了一系列的分解和重排，然后转化为生物遗态炭。然而，由于纤维素中存在 O 和 N，生物遗态炭无法获得理想的石墨结晶度。随着热解温度的升高，残余非碳元素进一步释放，缺陷随着石墨微晶的生长而得到修复。此外，图 3.7(b) 为样品 C 1s 峰的 XPS 高分辨率光谱。拟合该峰值后，C 1s 峰可分为四个不同的峰：C=C（284.8eV）、C—N（286.4eV）、C=O（288.89eV）和—COOH（291.22eV）。从图 3.7(c) 可以看出，O 1s 峰的高分辨率光谱也可分为三个峰：C—OH（531.88eV）、C=O（533.26eV）和 O—C=O（535eV）。此外，在高分辨率 N 1s 光谱中有三个结合峰［图 3.7(d)］：吡啶型 N（N-6，399.78eV）、吡咯型 N（N-5，401.51eV）和石墨化 N（N-Q，404.36eV）。

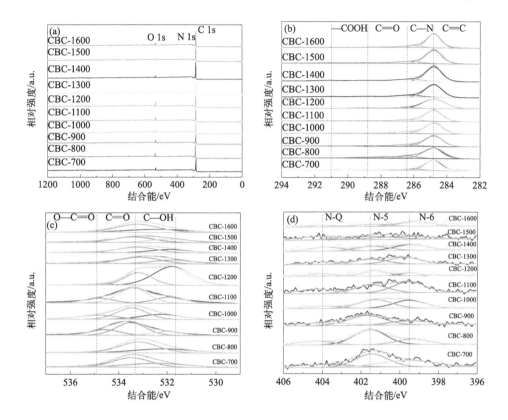

图 3.7　玉米皮基生物遗态炭的 XPS 光谱

表 3.1　玉米皮基生物遗态炭元素组成的 XPS 分析

样品	C 原子含量/%	O 原子含量/%	N 原子含量/%
CBC-700	88.35	9.72	1.93
CBC-800	90.17	8.04	1.79
CBC-900	91.13	7.09	1.78
CBC-1000	91.55	6.94	1.51
CBC-1100	91.66	6.91	1.43
CBC-1200	92.05	6.64	1.31
CBC-1300	94.86	4.03	1.11
CBC-1400	95.57	3.49	0.94
CBC-1500	96.50	2.58	0.92
CBC-1600	96.72	2.53	0.75

本章小结

① 通过控制升温速率，成功在 700～1600℃下制备出保持了玉米皮形貌和微观结构的生物遗态炭材料。

② 制备的生物遗态炭具有无定形碳相结构，随着炭化温度的升高，其石墨化程度逐渐升高。

③ 玉米皮基生物遗态炭具有从纳米级到微米级的分级孔隙结构。

④ 生物遗态炭主要由 C、O、N 元素组成，随着炭化温度的升高，C 元素组成逐渐增加，O、N 元素组成逐渐降低。

第4章

生物遗态 SiC 材料

碳化物通常具有高硬度、耐磨损、低热膨胀、高的热和电子传导等性能，在切割工具、砂轮以及研磨材料等领域中有广泛应用。如碳化硅（SiC）是一种性能优异的半导体材料，具有禁带宽度大、热导率高、热稳定性强、抗氧化及耐腐蚀等性能。这些特点使得它可用于高温、高频、大功率以及条件苛刻的环境中，并且在纳米电子器件、场发射装置和纳米传感器等方面具有广阔的应用前景。同时，它还是陶瓷、金属及聚合物基体复合材料的理想增强剂。把生物质转化为保持原材料微观结构的 SiC，将在催化、分离与吸附、环保等领域有广泛的应用，比如用作催化剂载体、废水和高温尾气处理材料等。

4.1　具有小米微观结构的 SiC 材料

小米脱壳于粟米，粟米耐干旱、耐贫瘠，又不怕酸碱，是适应性很强的农作物，在亚欧和北美大陆广泛种植。千百年来，小米一直是人们赖以生存的主要食物之一。小米外表呈球形（图 4.1），颗粒直径在 1~2mm，内部呈蜂窝状分级结构，因此，将小米转化为生物遗态 SiC（bioSiC），将会在催化领域有广泛应用。另外，小米虽然营养丰富，但在人们日常食物中所占比例低，其经济价值不高。在我国北方一些地区，小米甚至作为牲畜的饲料。因此把小米转化为 bioSiC，也可大大提高其经济价值。以小米为起始材料，以液相渗硅法制备具有小米微观结构的 bioSiC，考察炭模板和 SiC 的微观形貌和孔结构。同时也以溶胶-凝胶和碳热还原技术与气相渗硅技术制备 bioSiC，对其形貌结构进行表征。

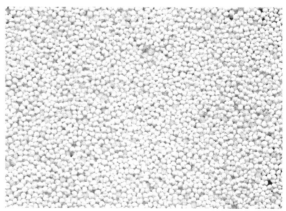

图 4.1　农作物果实（小米）

4.1.1　炭模板的形成

（1）小米的热解行为

小米经过干燥，然后在氩气保护下缓慢升温，于 1000℃下高温热解，转变为炭模板。为了研究小米的热分解行为，对小米进行热重分析。将干燥的小米在 Ar 气氛下，从室温升到 1000℃，其热重曲线如图 4.2 所示。从图中可以看出，同玉米皮相似，小米的热解行为始于 100℃以下，到 500℃时热解基本结束，失重最剧烈的阶段发生在 240～400℃。这是由于原生体质和细胞壁热分解主要集中在 200～400℃，此阶段释放出大量的 CO_2、CO 和其他有机气体，质量损失最大。在本小节中，将 400℃前的升温速率设为 $1℃ \cdot min^{-1}$，使小米内部有机质的解聚在较长时间内进行，因此制备的炭模板能较好保持与小米相似的内部结构。然而，即使如此，炭模板的外表面也会发生龟裂。

由于热解过程中物质的释放，热解结束，质量损失最大达到 82.5%。质量损失的同时，制备的炭模板也会发生各向异性收缩，这是由于小米细胞组成不同，以及细胞壁中纤维素排列方向的不同，收缩的程度也不一样。制备出的炭模板，沿小米胚轴方向，收缩程度大约为 30%～40%，垂直胚轴方向收缩程度约为 20%～30%，因此，各向异性的收缩造成炭模板的外观形貌与小米有微小的差别。

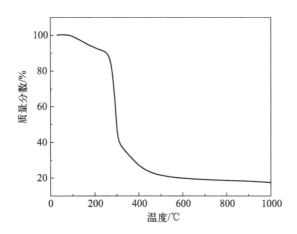

图 4.2 小米的 TGA 曲线

同时，小米向炭模板转化的过程中也存在一些问题。在热解过程中，不可避免会产生一些焦油，焦油物质从开孔系统逸出后，如果不能完全被保护气带走，将吸附在小米的表面，由于小米在容器中紧密堆积排列，焦油物质会把小米黏结在一起，在高温下，焦油重新结焦，使炭模板之间形成一体，不再是单独的颗粒形状。因此，反应过程中应以较大的气流将焦油带走。然而在固定床反应器中，大的气流可能同时将小米吹走，解决的办法是将小米单层平铺在容器内，小米颗粒间不再接触，制备出的炭模板就不会黏结在一起。但这样每次制备的炭模板太少，能耗大。因此，小米的热解可以采用流化床反应器，以大的气流使小米在热解过程中充分流动，可能会解决炭模板黏结问题。

（2）炭模板的 XRD 分析

通过 XRD 表征，对炭模板的物相进行分析，如图 4.3 所示。从图中可以看出，在 2θ 位于 22° 和 44° 处出现两个宽的衍射峰，这两个峰对应的是无定形碳，说明炭模板是无定形的非晶碳材料。在热解过程中，温度高于 800℃ 时，芳香环中的氢被释放，缺陷逐渐减少，残留碳的晶形程度越来越高。然而，由于这些碳来自于主要由纤维素构成的细胞壁，而纤维结构中存在大量的 O，在热解过程中，由于存在杂质，由碳原子六边形环状平面形成的层状结构零乱而不规则，晶体缺陷多，晶粒微小，因此形成的炭模板为无定形碳。

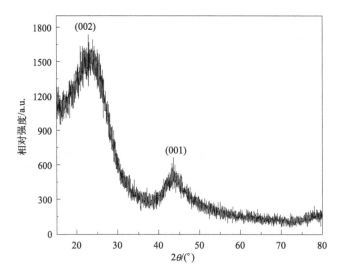

图 4.3　炭模板的 XRD 分析

（3）炭模板的形貌结构

图 4.4 是制备出来的炭模板的光学照片。从图中可以看出，由于热解过程中小米［图 4.4(a)］在反应器中单颗粒摆放，因此制备的炭模板没有黏结在一起。从图 4.4(b) 中可以看出，制备的炭模板由于热解过程中各向异性的收缩，外观的球形度不如原材料小米的高，为类球形或椭球形，而且炭模板的表面不再像小米那样光滑。

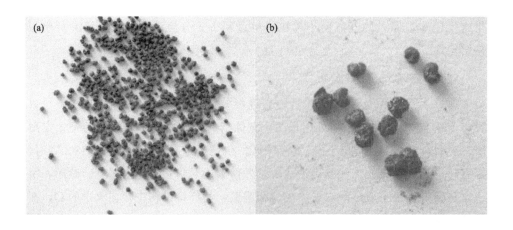

图 4.4　炭模板的光学照片

为了进一步考察炭模板的外观形貌和微观结构，以 SEM 技术对炭模板进行表征，图 4.5 是炭模板的 SEM 照片。从图 4.5(a) 可以看出，炭模板的颗粒直径大约为 1mm，类球形，在颗粒表面出现一些裂痕，这些裂痕是在热解过程中产生的。

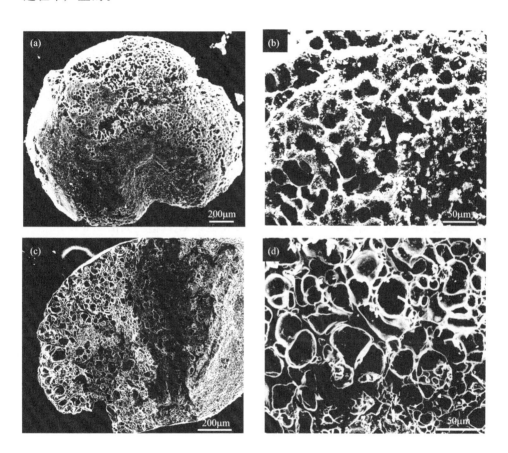

图 4.5　炭模板的扫描电镜照片
(a) 外观；(b) 外表面；(c) 和 (d) 剖面结构

虽然将升温速率控制在 $1℃·min^{-1}$，使小米的热分解在较长的时间内进行，但在 $240\sim400℃$ 内剧烈的物质释放还是导致小米的结构遭到一些破坏，在表面产生龟裂。同时，在炭模板表面也发现了一些孔道 [图 4.5(b) 是表面放大图]，这些孔道是小米运输水分和营养成分的通道，炭化后，形成圆形或者椭圆形的中空孔道，直径在 $5\sim50\mu m$。为了观察炭化后小米的微观结构，将小米从中间剖开,图 4.5(c) 和图 4.5(d) 是炭模板的剖面 SEM 照片。从图中可以看出,小米的内部是由细胞转化而来的蜂窝状结构,细胞壁是碳骨架,由于细胞的大小不同,形成的孔道也不同,孔径分布从几微米到一百多微米,孔道间相互连接。由此可见,尽管在热解过程中有大的质量损失和各向异性收缩,但炭模板还是保持了与小米几乎相同的微观结构[3]。同时,由小米转化而来的炭模板,在几微米到一百多微米都有孔的分布。

4.1.2 液相渗硅法制备的 bioSiC

在高温下,熔融的 Si 通过表面的孔道自发渗入到炭模板的内部,与 C 反应生成 SiC,然后将产物在空气中烧碳和酸洗处理,得到纯的具有小米微观结构的 SiC。

(1) 样品的 XRD 分析

通过 XRD 技术对最终样品的物相进行表征,XRD 谱图如图 4.6 所示。图中共出现六个衍射峰,其中五个 ($2\theta = 35.6°$,$41.3°$,$60.0°$,$71.8°$和 $75.6°$) 对应 β-SiC 的不同晶面,而另外在 $2\theta = 33.6°$ ($d = 2.668$Å) 处一个小的衍射峰是由堆积缺陷引起的。除此之外没有别的衍射峰,也就是说,得到的产品为纯的 SiC。

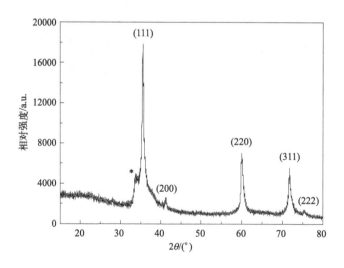

图 4.6　生物遗态 SiC 的 XRD 谱图 (＊标记的峰由缺陷引起)

（2）bioSiC 的形貌分析

图 4.7 是批量制备出的具有小米微观结构 SiC 的光学照片。从光学照片可以看出，制备出的 SiC 的外观形貌与炭模板基本相同。

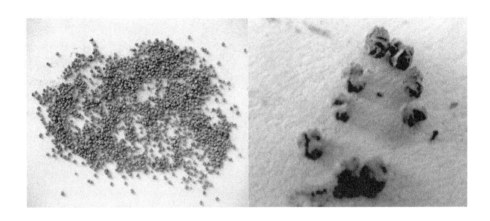

图 4.7　bioSiC 的光学照片

为进一步考察制备的 SiC 是否保持了炭模板的形貌结构，用 SEM 技术对 SiC 进行表征。从图 4.8(a) 和图 4.8(b) 看出，制得的 SiC 与炭模板的外观相同，也是类球形，直径约为 1mm，表面上存在一些裂痕。同样，在 SiC 的表面也分布了一些圆形或者椭圆形的中空孔道。图 4.8(c) 和图 4.8(d) 显示的是 SiC 的剖面结构，从图中看出，SiC 的微观形貌、孔径排列和分布都与炭模板相似。这些表明，通过与 Si 反应，炭模板能较好地保持其微观结构而转化为 SiC。

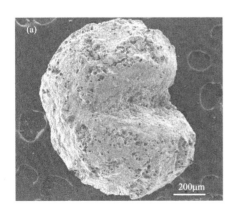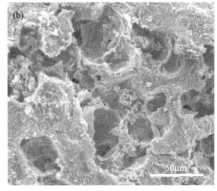

图 4.8

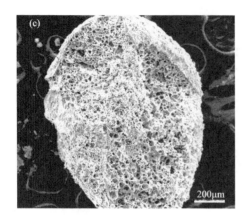
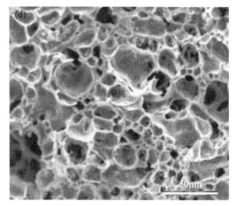

图 4.8　SiC 的扫描电镜照片

(a) 外观；(b) 外表面；(c) 和 (d) 剖面结构

（3）孔结构参数

　　为进一步论证 SiC 和炭模板微观结构的相似性，分别对两种样品进行孔结构分析，由于样品内多为微米级的大孔，因此采用压汞技术。图 4.9 是炭模板和 SiC 的孔径分布曲线。从图中可以看出，两种样品的孔径分布曲线非常相似，属于多峰分布。除了在 SEM 分析中看到的微米级孔之外，还有许多纳米

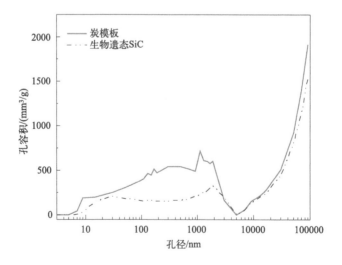

图 4.9　炭模板和 SiC 的孔径分布

级的孔存在。孔径分布在几纳米到一百多微米的范围内，说明 SiC 和炭模板具有分级的多孔微观结构。进一步分析表明，SiC 的平均孔径为 92.6μm，孔隙率为 58.6%，而炭模板的平均孔径为 86.8μm，孔隙率为 53.9%（见表 4.1），两种样品具有相似的平均孔径和孔隙率。孔径分布曲线和孔径参数进一步说明制得的 SiC 保持了与炭模板相似的微观结构。

表 4.1　炭模板和 SiC 的基本性质

项目	炭模板	SiC
比表面积/(m²/g)	55.2	30.2
平均孔径/μm	86.8	92.6
孔隙率/%	53.9%	58.6%
密度/(g/cm³)	0.65	1.19

利用压汞数据，也可得到比表面积与孔径分布关系图。从图 4.10 可以看出，SiC 和炭模板的比表面积主要来自孔径为 5～200nm 的孔，超过 200nm 的孔对比表面积几乎没有贡献。表 4.1 中，SiC 的比表面积为 $30m^2 \cdot g^{-1}$，而炭模板的比表面积为 $55m^2 \cdot g^{-1}$。由于硅化过程中一些纳米级孔的破坏或者堵塞，SiC 的比表面积比炭模板略低。但图 4.10 中相似的曲线，还是可以说明，SiC 较好地复制了炭模板的微观结构。

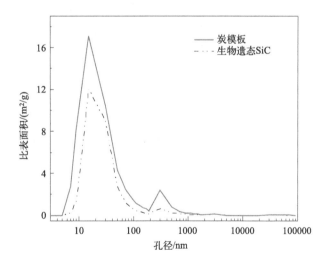

图 4.10　不同孔径的孔对比表面积的贡献

（4）样品的物理性能

表 4.1 列出了炭模板和多孔碳化硅的基本物理性质。可以看出，由于小孔的堵塞，SiC 的比表面积低于炭模板，而两种样品的平均孔径和孔隙率则相差不大。对于液相渗硅技术来说，由于 Si 对孔的堵塞，得到的 SiC 应比炭模板的孔隙率低[7]，在我们的结果中，SiC 的孔隙率反而略高于炭模板，这可能是因为在后续的处理过程中，进行了除硅、烧碳处理，即将硅除掉，同时硅化过程中未反应的 C 也被烧掉，因此，孔隙率反而有所增加。反应前，炭模板的密度为 $0.65\mathrm{g \cdot cm^{-3}}$，由于 SiC 的分子量大于 C，反应后，SiC 的密度增加到 $1.19\mathrm{g \cdot cm^{-3}}$。

制备出的 SiC 应用在催化领域，必须有一定的机械强度。以颗粒强度测定仪测试了球形多孔 SiC 的破碎强度，具体操作如下：将 22 粒 SiC 颗粒分别进行强度测定，将所得结果的最大值和最小值去掉，计算剩余 20 个结果的平均值，即为 SiC 的平均破碎强度。根据计算，所得的结果为 10.6N，对于直径为 1mm 左右的球形颗粒，SiC 的破碎强度足以满足作为催化剂或者载体的需要。

（5）液相渗硅法反应机理

硅化阶段，液相 Si 能否自发地渗入炭模板中，取决于它在炭表面的润湿角 Θ，当 $\Theta < 90°$ 时，Si 可以自发渗入炭模板。1450℃时，Si 在炭材料的 Θ 小于 55°，因此反应过程中熔融的 Si 可以自发渗入炭模板内部，并与所接触的 C 发生反应。由炭模板生成 SiC 的方式有两种：熔融 Si 与 C 之间的固液反应；产生的少量 Si 蒸气与 C 之间的固气反应，反应式如下：

$$C(s) + Si(l) \longrightarrow \beta\text{-}SiC(s) \tag{4.1}$$

$$C(s) + Si(g) \longrightarrow \beta\text{-}SiC(s) \tag{4.2}$$

Si 在炭模板中的渗入和反应是同步进行的，它涉及以下三个过程：液相 Si 在通道内的传输，Si 与孔壁表层 C 反应生成 SiC，以及 Si 通过 SiC 层扩散传质到未反应的 C 表面并与之反应。液相 Si 渗入炭模板的速度非常快，当 Si 与 C 反应，在炭模板的表面形成一层 SiC 后，Si 必须扩散通过 SiC 层才能继续与 C 反应，而由于 Si 在 SiC 中的扩散系数很小，仅有 $4.168 \times 10^{-10}\,\mathrm{cm^2 \cdot s^{-1}}$，因此，Si 在 SiC 层中的扩散过程成为炭模板转化为 SiC 的控制步骤。

4.1.3　溶胶-凝胶和碳热还原法制备 SiC

以溶胶-凝胶和碳热还原技术将炭模板转化为 SiC，主要操作是先将硅溶胶渗入炭模板，然后凝胶化，再在高温下碳热还原制备 SiC。

（1）溶胶-渗透-凝胶过程

不像木材的管胞结构，小米炭模板内部呈蜂窝状结构，孔道曲折，单次渗透很难达到合适的 SiO_2：C（摩尔比为 1：3，质量比 1.7：1），因此需要多次的渗透过程。然而，多次的渗透会使炭模板表面的中空孔道堵塞，溶胶很难通过这些孔道进入炭模板内部，使渗入炭模板 SiO_2 的质量少于 C 质量的 1.7 倍。在本实验中，经多次渗透，渗入炭模板 SiO_2 的质量仅为 C 质量的 1.2 倍，渗入 SiO_2 后炭模板的 SEM 照片如图 4.11 所示。从图 4.11(a) 和图 4.11 (b) 可以看出，炭模板被一层硅凝胶包裹，分布在炭模板表面上的孔道已经

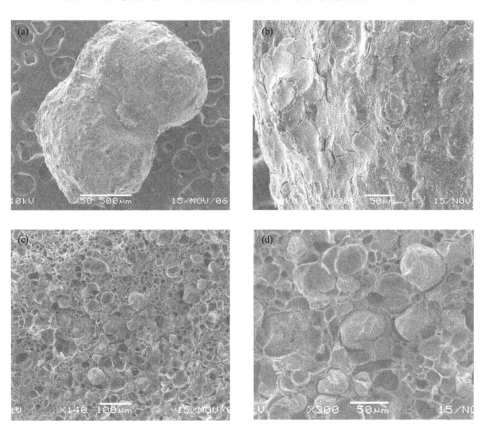

图 4.11　渗入硅胶后炭模板的扫描电镜照片

(a) 外观；(b) 外表面；(c) 和 (d) 剖面结构

消失。图 4.11(b) 显示，出现圆形或者椭圆形裂痕的地方，是被硅凝胶堵塞的孔道。图 4.11(c) 和图 4.11(d) 是炭模板的剖面结构，硅溶胶已经渗入到炭模板的内部，并凝胶化形成颗粒，装填在孔道中。明显可以看出，多数的孔内没有 SiO_2 颗粒，即使一些 SiO_2 可能位于剖面的另一侧，从其分布的情况看，也不能保证每一个孔道内都有 SiO_2 的存在。在碳热还原过程中，没有 SiO_2 的孔道可能会由于不存在硅源，导致 C 不能向 SiC 转化，造成内部微观结构的破坏，同时，这也会造成最终产物机械强度的降低，容易坍塌。

(2) 生物遗态 SiC

将含有 SiO_2 的炭模板在高温下碳热还原 2h，然后产物经烧碳、酸洗处理得到 SiC，图 4.12 是最终产物的 XRD 谱图，从图中看出，同液相渗硅法制备的 SiC 相同，样品也是由 β-SiC 和堆积缺陷组成的。图 4.13 是 SiC 的 SEM 表征照片，从图 4.13(a) 看出，碳热还原后，由于 SiO_2 被消耗，颗粒表面的孔再次出现。图 4.13(b) 是 SiC 的内部微观结构，其基本保持了炭模板的蜂窝状结构，但明显能看出一些孔道遭到破坏。而且，在许多孔道内能发现纳米线，直径在几十纳米。这是因为在碳热还原反应过程中发生副反应，SiO（g）和 CO（g）之间的气气反应产生 SiC 纳米线。

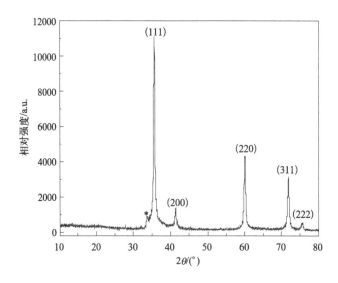

图 4.12　生物遗态 SiC 的 XRD 谱图 （* 标记的峰由缺陷引起）

然而，溶胶-凝胶和碳热还原法制备的 SiC 机械强度很差，用手触摸就能导致坍塌，因此不再进行深入的研究。

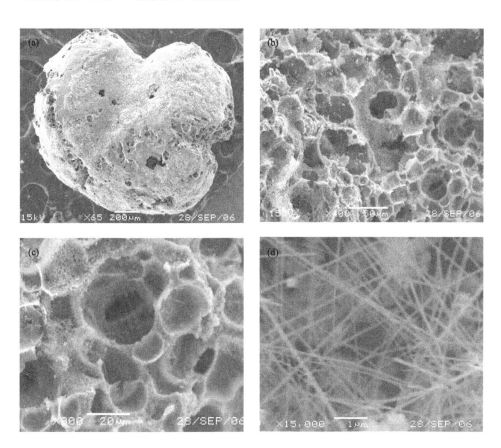

图 4.13　通过溶胶-凝胶和碳热还原技术制备的 SiC 的扫描电镜照片

(a) 外观；(b) 和 (c) 剖面；(d) 纳米线

4.1.4　气相渗硅法制备 SiC

同样，以气相渗硅技术将炭模板转化为 bioSiC。高温下，熔融的硅被汽化，气相 Si 渗入炭模板内部，与 C 直接反应，生成 SiC，样品经过烧碳、酸洗后得到最终产物。图 4.14 是最终产物的 XRD 谱图，图中 5 个强衍射峰分别对应 β-SiC 的 5 个不同晶面。而另外 $2\theta = 33.7°$ 处有小峰，因为在 1800℃ 的高温下，β-SiC 能发生相变，向 α-SiC 转化，因此，$2\theta = 33.7°$ 处的峰对应 α-SiC。也就是说，气相渗硅技术制备的 bioSiC 为 β-SiC 和少部分的 α-SiC。

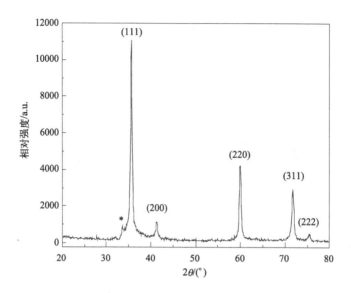

图 4.14　生物遗态 SiC 的 XRD 谱图 （＊标记的峰对应 α-SiC）

图 4.15 是 SiC 的 SEM 照片，从图中可以看出，制备的 SiC 的外观形貌同炭模板基本相同，表面也有孔道分布。然而，SiC 的微观结构与炭模板相比却有很大的差异。从图 4.15(b) 和 （c）可以看出，制备出的 SiC 虽然也为蜂窝状结构，但与炭模板内由细胞壁形成碳骨架的胞状结构相比，已经发生了很大的变化。这是因为在 1800℃ 的高温下，部分 SiC 发生相变，由 β-SiC 型向 α-SiC 型转变，相变过程中，SiC 的晶粒进一步长大，使晶体结构发生改变，导致形成的 SiC 与炭模板的微观结构有较大的差别。同样，气相渗硅法制备的 SiC 强度也较差，用手轻按即碎，故未予以进一步的表征。

通过液相渗硅、溶胶-凝胶和碳热还原以及气相渗硅技术将农作物果实（小米）转化为保持了原材料微观结构的球形多孔 SiC，颗粒直径在 1mm，孔径从几纳米到一百多微米。尤其是液相渗硅技术制备的 SiC，平均破碎强度达到 10.6N，将是一些低流速反应体系的优良催化剂或者载体材料。然而，不同的领域、不同的反应体系，对材料的需求也不相同。例如，对一些高流速的反应体系，小颗粒的催化剂堆积紧密，传输阻力较大，少量的积炭就可能使反应床层堵塞，致使反应被迫停止，因此需要颗粒大、孔隙率高的催化剂材料。而对大体积的流动性反应体系、隔热隔声材料，仅有微观结构孔的材料将不能满足其应用的要求。因此，应根据不同领域的需要，选取具有不同形貌结构的植物来制备生物遗态的 SiC。

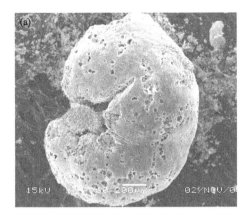
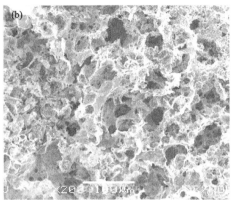
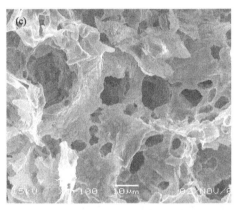

图 4.15　以气相渗硅法制备的 bioSiC 的 SEM 照片

（a）外观；（b）和（c）剖面结构

4.2　具有高粱和藕微观结构 SiC 的制备

　　高粱是一种谷类作物（图 4.16），原产于非洲，喜温、抗旱、耐涝。目前，美国是世界上最大的高粱生产国和出口国，我国在东北各地也广为栽培。高粱的谷粒可供食用、酿酒（高粱酒）或制饴糖，也可用作牲畜饲料。从其形貌结构上分析，高粱的谷粒（以下简称高粱）呈椭球形，颗粒直径大约为4mm，内部也是由不同大小的细胞组成的，与小米相比，高粱颗粒要大得多，可应用于一些高流速的反应体系。

图 4.16　农作物高粱

　　莲藕属睡莲科，原产于印度，很早便传入我国。在南北朝时期，莲藕的种植就已相当普遍，主要分布于长江流域和南方各省，秋、冬及春初皆可采挖。藕是莲藕地下茎的膨大部分，微甜而脆，十分爽口，可生食也可做菜，而且药用价值相当高，是老幼妇孺、体弱多病者上好的食品和滋补佳珍。藕呈短圆柱形，外皮粗厚、光滑，为灰白色或者银灰色，内部白色，节部中央膨大，内有大小不同的孔道若干条，排列对称，如图 4.17 所示。将藕转化为生物遗态的SiC，可能在流动性废水处理、隔热隔声材料上有较大的应用。

图 4.17　食用蔬菜藕

　　本节主要以高粱和藕为起始材料，以液相渗硅法制备具有高粱和藕微观结构的 bioSiC，以用于不同的化工领域，并分别考察各自炭模板和 bioSiC 的微观形貌和孔结构，论证最终产物与炭模板结构的相似性。

4.2.1　具有高粱微观结构 SiC 的制备

（1）高粱向炭模板的转化

高粱与小米同为农作物果实，都是粗粮，内部细胞的组成也比较相近，因此其热解过程也基本相同。图 4.18 是高粱热解过程中的热重曲线图，从图中可以看出，高粱的热解行为始于 100℃，在 600℃基本结束，其中失重最剧烈的阶段为 240~400℃。同小米一样，高粱的热解也可以分为脱水、有机聚合物解聚及气体释放、碳结构的重排缩聚等几个过程，原生质体解聚产物以气体形式释放，组成细胞壁的半纤维素、纤维素和木质素依次热分解，最终细胞壁转化为碳骨架，高粱转化为炭模板。热解结束，气体释放导致的质量损失达到 83.3%。制备的炭模板发生各向异性收缩，沿高粱胚轴方向，收缩程度大约为 30%~40%，垂直胚轴方向收缩程度约为 20%~30%。无论质量损失还是各向异性收缩程度，高粱都和小米相差不大。同样，如果将高粱堆积在一起在固定床反应器内进行热解，热解过程中释放的焦油将使炭模板黏结在一起，最后结焦形成一团，本实验中，将高粱单层平铺进行热解。

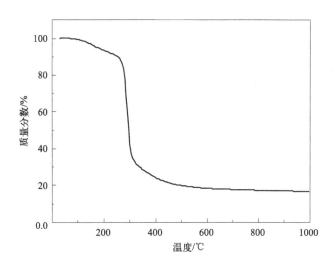

图 4.18　高粱的 TGA 曲线

进一步对炭模板的物相和形貌进行分析，图 4.19 是炭模板的 XRD 谱图，从图中可以看出，仅有两个宽的衍射峰在 $2\theta = 22°$ 和 44°处出现，这两个峰对应的是无定形碳，说明炭模板是无定形的非晶碳材料。图 4.20 是从高粱转化而来的炭模板的光学照片，从外观上看，炭模板基本保持了高粱的外观形貌，但表面非常粗糙。

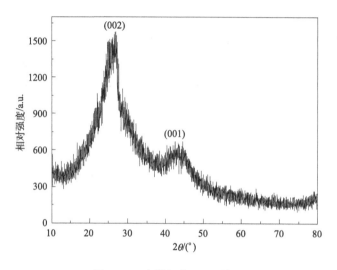

图 4.19　炭模板的 XRD 谱图

图 4.20　炭模板的光学照片

　　图 4.21 是炭模板的 SEM 照片，从图 4.21(a) 可以看出，炭模板呈椭球形，颗粒直径约为 3mm，在颗粒的表面，出现很多裂痕，在相同的热解条件下，表面破坏程度明显比由小米转化而来的炭模板大。这可能是因为，虽然小米和高粱同为农作物果实，但在输送水分和营养物质的孔道上有差异，比较图4.5 和图 4.21 可以看出，高粱通向表面的孔道比小米要少。热解过程中，内

部聚合物急剧解聚，以气体形式向外释放，然而，由于通道较少，气体不能及时逸出，导致高粱产生裂痕，以使气体释放。从图 4.21(b) 可以看出，炭模板表面孔道的孔径分布在 $20\sim100\mu m$。图 4.21(c) 是炭模板的剖面结构图，从图中可以看出，由高粱转化而来的炭模板的微观结构和小米的几乎一样，呈蜂窝状结构，孔保持了细胞的圆形或者椭圆形，孔道间相互连接，孔径分布从几微米到一百多微米。

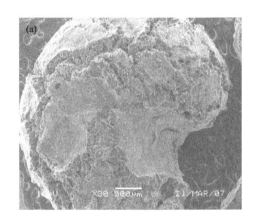
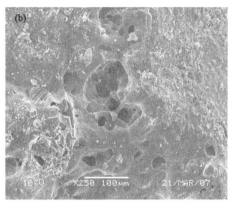

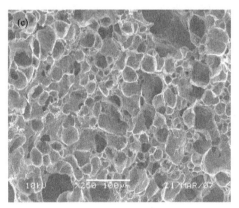

图 4.21　炭模板的扫描电镜照片

(a) 外观形貌；(b) 表面；(c) 剖面结构

(2) 具有高粱微观结构的 bioSiC

炭模板与硅粉充分混合，在氩气的保护下，升至高温，熔融的 Si 和气相 Si 与 C 直接反应，所得样品经空气中烧碳和酸洗处理，得到最终产物。图

4.22 是最终产物的 XRD 谱图，同由小米转化而来的 SiC 一样，图中显示共有六个衍射峰，五个对应 β-SiC 的不同晶面，还有一个小的衍射峰是由堆积缺陷引起的，所得的最终产物为纯的 SiC。

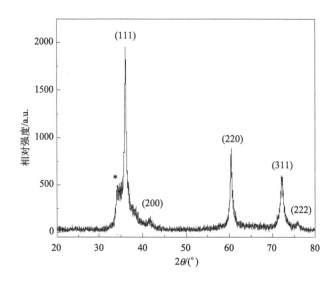

图 4.22　最终产物的 XRD 分析（＊标记的峰由缺陷引起）

图 4.23 是由高粱转化而来的 SiC 的光学照片，从图中可以看出，SiC 的外观形貌、颗粒大小都几乎与炭模板相同，且同样表面粗糙。图 4.24 是 SiC 的 SEM 照片，从图 4.24(a) 和图 4.24(b) 可以看出，SiC 颗粒直径为 3mm，与炭模板相同，表面分布多条裂痕，同时在表面也分布一些圆形或者椭圆形的中空孔道。图 4.24(c) 显示的是 SiC 的剖面结构，如图所示，SiC 的微观形貌、孔道排列和分布都与炭模板相似，SiC 较好地保持了炭模板的微观结构。从外观形貌和微观结构分析，由高粱转化而来的 SiC 与由小米转化而来的 SiC 相比，微观形貌、孔道排列与分布都相似，但高粱基的 SiC 颗粒直径大很多，因此适合一些高流速的反应体系。然而，由于热解过程中高粱炭模板的表面出现多条裂痕，SiC 也复制了炭模板的外观形貌，这成为高粱基 SiC 作为催化剂或者载体的缺点，即耐磨性差。众所周知，催化剂不仅要有好的机械强度，也要有较高的耐磨性能，因此催化剂一般外表都比较光滑。以高粱基 SiC 为催化剂，表面的裂痕可能会导致其在反应过程中摩擦破裂，小米基 SiC 虽然表面也有裂痕，但裂痕少得多，而且程度不深，耐磨性能比高粱基 SiC 要好得多。

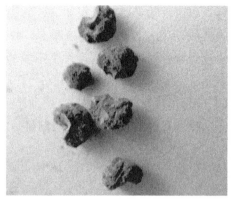

图 4.23　SiC 的光学照片

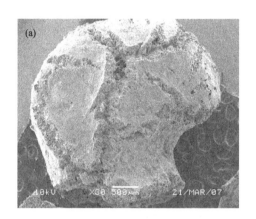
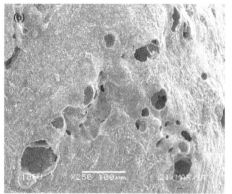

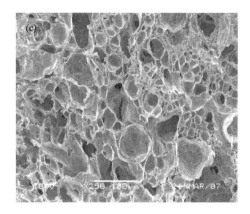

图 4.24　SiC 的扫描电镜照片

（a）外观形貌；（b）表面；（c）剖面结构

以压汞法考察炭模板和 SiC 的孔结构。图 4.25 是炭模板和 SiC 的孔径分布曲线，从图上看，炭模板和 SiC 的孔径分布曲线基本相似，属于多峰分布，说明在两种样品内部包含大小不同的孔，且有纳米级的孔存在。通过压汞数据，SiC 的平均孔径为 91.4μm，孔隙率为 76.6%，而炭模板的平均孔径为 88.5μm，孔隙率为 71.2%，两种样品的平均孔径和孔隙率非常接近。孔径分布曲线和孔径参数进一步说明制得的 SiC 继承了炭模板的微观结构。

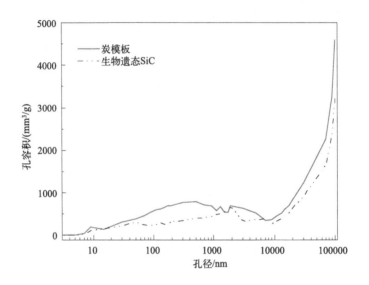

图 4.25　炭模板和 SiC 的孔径分布

进一步分析，利用压汞数据得到比表面积与孔径分布示意图，如图 4.26 所示，SiC 和炭模板的比表面积主要来自孔径为 5～200nm 的孔，300nm～1μm 的孔对比表面积也有一定的贡献。根据压汞数据，SiC 的比表面积为 33.7m² · g⁻¹，而炭模板的比表面积为 59.4m² · g⁻¹，因为采用液相渗硅的硅化方法，可能一些小孔堵塞导致 SiC 比表面积降低。但相同趋势的曲线再次表明 SiC 复制了炭模板的微观结构。

从孔结构分析，与由小米转化而来的 SiC 比较，高粱基 SiC 的平均孔径、比表面积都分别与之相似。但可能由于细胞结构及排列不同，高粱基 SiC 的孔隙率要比小米的高很多，表明其孔隙更加发达。这种孔结构优势使高粱基 SiC 比小米 SiC 在一些应用领域如催化、吸附等更有优势。

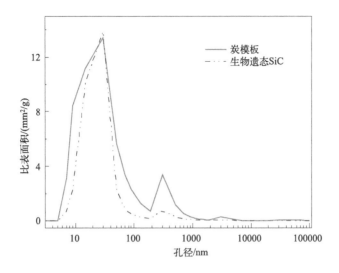

图 4.26 不同孔径的孔对比表面积的贡献

4.2.2 具有藕微观结构 SiC 的制备

（1）炭模板的制备

藕与小米、高粱不同，含有很多水分，因此在热解前的干燥阶段，将有大量的水分释放而出。实验中，将藕切成圆片（方便炭化和硅化），在 120℃下干燥 72h，发现藕由于脱水将有很大程度的失重，质量损失达到 75%。同时，脱水也会造成藕片收缩，径向收缩约为 30%～40%，轴向收缩较小，但收缩程度也有 25%～35%。各向异性收缩使藕的外形发生很大的改变。

干燥的藕在氩气的保护下，升温至 1000℃炭化，转化为炭模板。为研究藕的热解过程，对干燥的藕进行热重分析。从图 4.27 可以看出，藕的热重曲线与高粱和小米的有很大不同。藕的热解行为起始于 100℃，在 240～400℃质量损失最大，热解行为在 600℃基本结束，而藕的热重曲线要比小米或者高粱平缓很多，在剧烈失重的 240～400℃，藕的质量损失仅为 40%，而高粱和小米约为 65%，这可能是因为藕含有大量的水分，而诸如蛋白质等有机营养成分较少，因此藕的热分解程度不如小米或者高粱剧烈，且在剧烈失重阶段质量损失相对较少。干燥阶段水分的大量流失，也造成藕在热解阶段总的质量损失比小米或高粱少，只有 72.7%。热解过程中，干燥的藕继续发生各向异性收缩，径向收缩约为 15%～20%，轴向收缩为 20%～30%。经过干燥和热分解过程，与新鲜的藕相比，炭模板失重达 95％，各向异性收缩为 40％～60％，远远大于由小米和高粱转化而来的炭模板的失重和收缩程度。

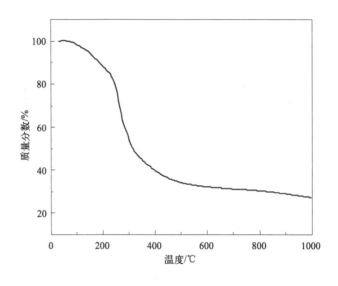

图 4.27　藕的 TGA 曲线

经过热解炭化，藕片转化为炭模板，图 4.28 是炭模板的 XRD 图，可以看出，同小米和高粱一样，藕转化而来的炭模板由无定形碳组成。图 4.29 是炭

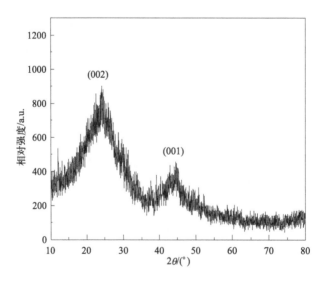

图 4.28　炭模板的 XRD 分析

模板的光学照片，如图所示，由于干燥和热解过程中发生较大程度的各向异性收缩，与新鲜的藕相比，炭模板形貌发生较大改变：体积减小，大的椭圆形孔道发生变形，外壁和骨架明显变薄等。

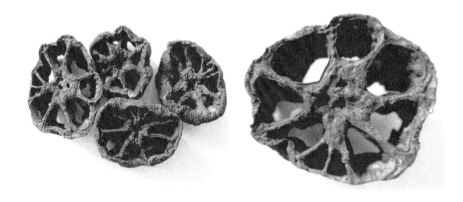

图 4.29　炭模板的光学照片

为进一步考察炭模板的微观结构，以 SEM 技术对炭模板进行表征，如图 4.30 所示。图 4.30(a) 和图 4.30(b) 是炭模板垂直于轴向的横切面，可以看出，炭模板的横切面呈蜂窝状的细胞状孔结构，孔道大小不同，孔径从十几微米到一百多微米，与小米或者高粱的微观结构基本相似。图 4.30(c) 和图 4.30(d) 是炭模板平行于轴向的纵剖面。藕沿轴向有多条对称的孔道，因此藕的实体部分纵向也可能为管胞状结构，然而从图 4.30(c) 和图 4.30(d) 可以看出，不同的是，炭模板的纵剖面也是蜂窝状结构，形貌几乎与横切面相同。

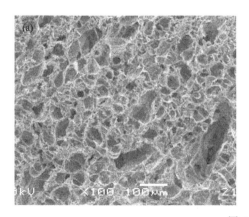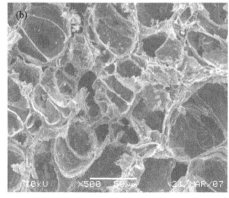

图 4.30

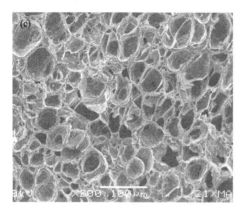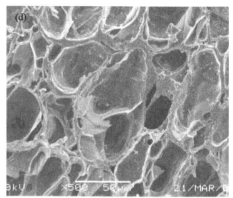

图 4.30 炭模板的扫描电镜照片

(a) 和（b）横切面；（c）和（d）纵剖面

这种大孔道与蜂窝状相结合的结构，可能使由藕制备出的 SiC 在隔热、隔声等领域有广泛的应用。从图 4.30 中还可以看出，虽然干燥和热解阶段，藕片发生明显的收缩，但炭模板还是保持了细胞状微观结构，这与其他植物炭化的结果一致。

（2）具有藕微观结构的 bioSiC

将炭模板平铺在石墨舟内，以硅粉将其包埋，确保炭模板的大孔道被硅粉填充，然后升温至 1600℃，熔融或者气相的 Si 与 C 反应生成 SiC，将产物进行烧碳和除硅处理。图 4.31 是最终产物的 XRD 图谱，从图中看出，所制得的样品由 β-SiC 和堆积缺陷组成，除此之外，没有其他物质存在。图 4.32 是所制备的 SiC 的光学照片，可以看出，SiC 的尺寸大小、形状都几乎与炭模板相同，由藕转化而来的 SiC 很好地保持了炭模板的外观形貌。为进一步考察 SiC 的微观结构，以 SEM 技术对 SiC 进行表征，图 4.33 是 SiC 的 SEM 照片，SiC 的横切面和纵剖面都呈蜂窝状结构，由细胞状、大小不同的孔组成，孔径范围从几微米到一百多微米。与图 4.30 比较，SiC 内部的孔微观结构与炭模板基本相似，但有部分孔被破坏，有些孔的部分孔壁破裂，导致两个或者几个孔连接形成一个大孔，这可能是在硅化过程中，部分碳没有转化为 SiC，烧碳后导致孔遭到破坏。同时，不像木材内部是多个细胞组成的管胞结构，骨架厚，由藕转化而来的 SiC，骨架薄，机械强度较差，导致 SiC 较"脆"，在制样剖切过程中，SiC 易碎，导致剖面的孔被破坏，表面不平整。

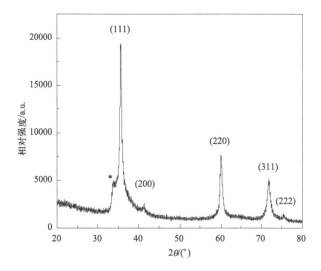

图 4.31　生物遗态 SiC 的 XRD 谱图（＊标记的峰由缺陷引起）

图 4.32　生物遗态 SiC 的光学照片

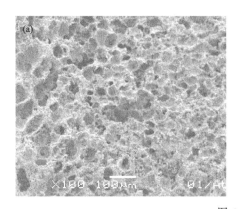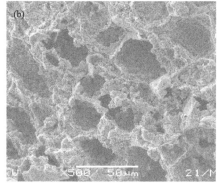

图 4.33

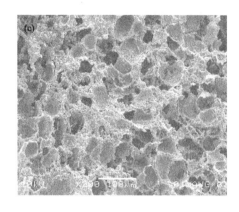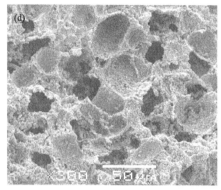

图 4.33　SiC 的扫描电镜照片

(a) 和 (b) 横切面；(c) 和 (d) 纵剖面

　　以压汞技术对炭模板和 SiC 的孔结构进行表征，从图 4.34 可以看出，炭模板和 SiC 的孔径分布曲线非常相似，说明炭模板和 SiC 的孔结构基本相同，SiC 保持了炭模板的微观结构。同时，在图中还可以发现有纳米级孔的存在，说明炭模板和 SiC 为分级孔结构。根据压汞数据，SiC 的平均孔径与和孔隙率是 $91.1\mu m$ 和 50.1%，与炭模板的 $92.3\mu m$ 和 50.7% 相似，再次说明制备的 SiC 保持了炭模板的微观结构。

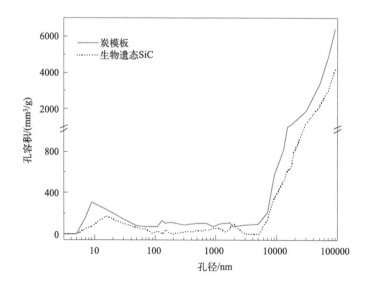

图 4.34　炭模板和 SiC 的孔径分布

　　进一步分析压汞数据，得到比表面积与孔径分布示意图。从图 4.35 可以看出，对 SiC 和炭模板比表面积做出贡献的孔分布在同一孔径范围，大约为 5nm 到 50nm，这个分布范围比小米或高粱的要窄。SiC 的比表面积为 $24m^2 \cdot g^{-1}$，略低于炭模板的比表面积 $36m^2 \cdot g^{-1}$。但从图中相似的曲线，还是可以说明，SiC 较好地复制了炭模板的微观结构。

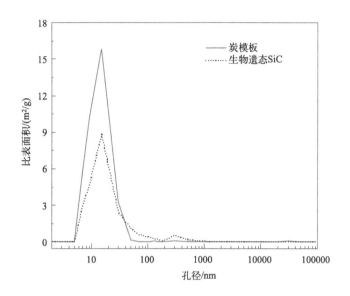

图 4.35　不同孔径的孔对比表面积的贡献

本章小结

　　① 在氩气保护下，通过缓慢升温，可将小米热解转化为具有蜂窝状结构的炭模板，炭模板有 83%（质量分数）的失重和 20%～40% 的各向异性收缩。

　　② 通过液相渗硅技术，将炭模板转化为 SiC，所制得的 SiC 较好地保持了炭模板的微观结构，二者的平均孔径和孔隙率都相接近，SiC 的比表面积比炭模板略低，具有较好的机械强度；采用溶胶-凝胶和碳热还原技术将炭模板转化为 SiC，虽然 SiC 较好保持了炭模板的微观结构，但由于硅源渗入量较少，产物机械强度较差；气相渗硅法制备的 SiC，由于发生高温相变，内部结构与炭模板相比发生了很大的变化，而且机械强度也较差。

　　③ 通过液相渗硅法把高粱转化为 bioSiC，最终的产物主要由 β-SiC 组成。

SEM 和压汞分析表明制备的 SiC 保持了高粱的微观结构。高粱基 SiC 比小米基 SiC 颗粒直径大，孔隙率高，应用在高流速的反应体系更有优势。

④ 以液相渗硅技术将藕转化为 SiC，由于热解阶段炭模板质量损失多，制备的 SiC 外形与新鲜的藕相比有较大改变，但通过 SEM 分析，SiC 的内部还是保持了细胞状的微观结构。压汞技术分析表明 SiC 和炭模板的微观结构相似。藕转化而来的 SiC 的横切面和纵剖面都呈蜂窝状结构，这种大孔道与蜂窝状相结合的结构，可能使由藕制备出的 SiC 在大体积的流动性废水、隔热和隔声等领域有广泛的应用。

第 5 章

生物遗态材料表面分形计算

5.1　引言

　　自然界中出现的图案，如云层的边界、山脉的轮廓、雪花、海岸线等都是"不规则的"，难以用经典欧几里得几何中的直线、光滑曲线、光滑曲面来描述。同时，大量不同类型的极不规则的几何对象常常出现在自然科学的不同领域内，如数学中解决非线性问题时的吸引子，流体力学中的湍流，物理中临界现象与相变，化学中酶与蛋白质的构造，生物中细胞的生长，工程技术中的信号处理与噪声分析，等等。长期以来，人们试图将它们纳入经典几何的框架进行研究，但人们发现，由此导出的模型在近似的情况下，无论在理论上还是实验中，都难以处理所遇到的实际情形。逐渐地，人们发现不规则几何往往能提供更多对自然现象的更好描述。

　　20 世纪 70 年代，B. Mandelbrot 所创立的分形几何提供了研究这类不规则几何对象的思想、方法和技巧[108,109]。"分形"一词来源于英文"fractal"，有非规则的、破碎的、分数的等含义。然而，到目前为止，很难从数学角度给分形下一个严格的定义。Mandelbrot 曾经建议把分形定义为"局部以某种方式与整体相似的形体"。但这一定义过于狭窄。虽然分形没有明确的定义，但有一些公认的特征[108-110]：①没有特征长度。规则图形是有特征长度的，比如圆的特征长度是半径或者直径，正方形或者长方形的特征长度是它们的边长。然而，不规则图形没有特征长度，比如，不规则的海岸线，海岸线的长度是随测量尺度变化的，如果以公里作为单位，那么海岸线几米至上百米的弯曲将被忽略；如果以米为单位，虽然较小弯曲可以被测出来，但更小的弯曲仍被忽略；但如果以原子尺度作为单位，那测量长度可能达到天文数字。因此，海岸线没有特征长度。②具有自相似性。图 5.1 是经典的 Koch 分形曲线。若将

Koch 曲线区间［0，1/3］中的图形放大三倍，就将得到原图形，同样［2/3，1］区间曲线也有相同情况。要是将［0，1/9］的图形放大 9 倍，也会得到原 Koch 曲线。总之，对于曲线上无论多么小的部分，只要将它们放大到合适的倍数，都能得到与原来相同的图形，这被称为自相似性。分形的自相似性可以是绝对的相同，也可以是统计意义上的相同。天上的积雨云从望远镜内看到的形状与肉眼看到的基本相同，放大镜下的雪花也是这样，但是积雨云和雪花与 Koch 曲线不同，人们见到的只是具有同样复杂性的形状，它们是统计意义上的自相似。

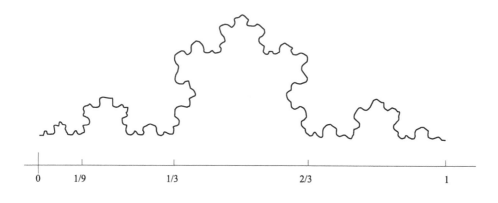

图 5.1　Koch 分形曲线

　　分形不存在特征长度，且具有无限嵌套的自相似性，人们不能用长度、重量、体积等参数对它进行度量和描述。研究表明，用于描写空间和客体的一个维数（dimension）参量，经过一定的改造，以分维数的形式，可作为描述分形的定量参数，分维数可以分为相似维数、Hausdorff 维数、容量维数、关联维数、模糊维数等。

　　目前，分形在各个领域都有广泛的应用，比如物理、化学、计算机、财经等[111,112]。随着表面科学的蓬勃发展和表面分析技术的不断提高，已能够在原子尺度上来分析表面的组成与其物理化学性质的关系。早在 1931 年，Taylor 就指出表面的不光滑性和不规则性[111]。对于一个肉眼看来是光滑的平面，如果在几纳米到几十纳米的范围内观察，有 75% 的物体表面是分形的，特别对一些多孔材料的表面，更是"千疮百孔、支离破碎"，只能用分形来分析。这就引出一个概念：表面分形。表面分形的描述如下：一个光滑的表面，它的分维数 $D=2$，对于非常粗糙的表面，它的分维数 D 接近 3。也就是说，表面的分维数介于 2 和 3 之间，D 值越大，表面越粗糙[111,113,114]。对于多孔材料来说，表面孔道分布，导致表面粗糙，因此，可以用表面分维数描述多孔材料的表面，进一步分析多孔材料的孔结构。

5.2　计算方法

目前，有两种实验方法可以用来确定多孔材料的表面分维数，一种是氮吸附法，另一种是压汞方法。李绍芬教授[115,116] 领导的研究小组在深入分析表面分形和压汞法的基本原理后，得到利用压汞数据计算多孔材料表面分维数的方法，具体的原理如下：

在压汞过程中，随着环境压力的增加，渗入孔内的汞增加，系统的表面能也随之增加，当表面能等于环境所做的功时，可以得到：

$$dW = -p\,dV = \gamma_L \cos\theta\,dS \tag{5.1}$$

式中，W 为环境所做功，J；p 为压力，Pa；V 为进入孔内汞的体积，m^3；γ_L 为汞与孔表面的表面张力，$J \cdot m^{-1}$；θ 为汞与孔表面的接触角；S 是表面积，m^2。如果表面是分形的，那 S 是分形表面积。如果以欧几里得几何方法测定表面积，式(5.1) 改为

$$p\,dV = -\gamma_L \cos\theta\,dS_E \tag{5.2}$$

压汞过程分为不同阶段，积分式(5.2)：

$$-\int_0^{(S_E)_n} \gamma_L \cos\theta\,dS_E = \int_0^{V_n} p\,dV \approx \sum_{i=1}^n \bar{p}_i \Delta V_i \tag{5.3}$$

如果实验过程中 θ 保持常数，式(5.3) 可以改为

$$\sum_{i=1}^n \bar{p}_i \Delta V_i = -\gamma_L \cos\theta (S_E)_n \tag{5.4}$$

下面再分析分形面积与体积之间的关系。1982 年，Mandelbrot 给出分形面积与相应体积之间的关系：

$$S^{1/D} \sim V^{1/3} \tag{5.5}$$

D 是表面分维数，如果以欧几里得几何方法测定分形表面的表面积，则

$$S_E = k^D \delta^{2-D} V^{D/3} \tag{5.6}$$

k 是关联表面积与体积的相关系数；δ 为标准尺寸，m。在实验过程中，压入孔内的汞体积与所覆盖的表面积的关系为

$$(S_E)_n = k^D \delta_n^{2-D} V_n^{D/3} \tag{5.7}$$

同时，具有分形表面的多孔材料，其截面的周长也具有分形结构，如果标准尺寸不同，那周长的大小也不同，Mandelbrot 给出一个周长和截面面积的关系式

$$G^{1/D} \sim A^{1/2} \tag{5.8}$$

假如分形结构的周长以欧几里得几何方法测定大小，那式(5.8) 可以改为

$$G_E^{1/D} = k_\tau \delta^{(1-D)/D} A^{1/2} \tag{5.9}$$

k_τ 是关联周长和截面面积的系数。

为了更好地表达多孔材料的孔结构，式(5.9) 中的表面积换为半径

$$(G_E)_i = (k_\tau \sqrt{\pi} r_i)^D \delta^{(1-D)} \tag{5.10}$$

对于孔径等于或者略小于 r_i 的孔，测定其周长的标准尺寸为

$$(\delta_\tau)_i = k_\tau \sqrt{\pi} r_i \in \tag{5.11}$$

在压汞实验过程中，仅有汞一种介质被使用，假设孔内是恒压环境，那 k_τ 和 $\in$ 是常数，可以认为在各个方向上的标准尺寸相同

$$(\delta)_i = (\delta_\tau)_i \tag{5.12}$$

式(5.7) 就可以改为

$$(S_E)_n = K(D, \in) r_n^{2-D} V_n^{D/3} \tag{5.13}$$

这里

$$K(D, \in) = (k_\tau \sqrt{\pi} \in)^{2-D} k^D$$

结合式(5.4)

$$\sum_{i=1}^{n} \bar{p}_i \Delta V_i = C' r_n^{2-D} V_n^{D/3} \tag{5.14}$$

这里

$$C' = -K(D, \in) \gamma_L \cos\theta$$

根据上面的分析，多孔材料的表面分维数可以用下面的公式进行计算，它们分别是：

$$Q_n = r_n^{2-D} V_n^{D/3} \tag{5.15}$$

$$W_n = \sum_{i=1}^{n} \bar{p}_i \Delta V_i \tag{5.16}$$

变式(5.14) 为下式

$$\ln W_n = C + \ln Q_n \tag{5.17}$$

这里

$$C = \ln C'$$

　　压汞实验中，可以得到一系列的 p_i、V_i 和 r_i，如果假设一个 D 值，根据式(5.15) 和式(5.16)，就可以计算出一系列的 Q_n 和 W_n。以 $\ln Q_n$ 为横坐标，$\ln W_n$ 为纵坐标作图，线性拟合一系列的 $\ln Q_n$ 和 $\ln W_n$ 值，得到一个斜率 s，如果斜率等于或者接近于 1，那所假设的 D 值即为多孔材料的表面分维数，如果不接近于 1，则重新假设 D 值，重复上面的计算过程，直到计算的斜率 s 等于或者接近于 1。

5.3　表面分维数的计算

　　由小米、高粱、藕片转化而来的炭模板和 bioSiC 都为多孔材料，以压汞技术分别对它们的孔结构进行了表征，可以利用压汞数据对它们的表面分维数进行计算，借以分析他们的孔结构特征，同时也论证炭模板和 SiC 之间的结构相似性。

5.3.1　小米基炭模板和 bioSiC 的表面分维数

　　利用压汞数据，假设不同的 D 的值，对由小米转化而来的炭模板和 bioSiC

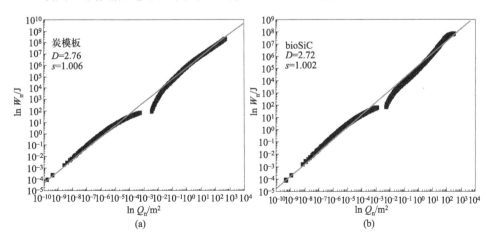

图 5.2　$\ln Q_n$ 和 $\ln W_n$ 的线性关系

的表面分维数进行计算，经过多次的计算、拟合，最终分别得出它们的表面分维数，如图 5.2 所示。从图 5.2(a) 可以看出，当 $D=2.76$ 时，计算出的一系列的 $\ln Q_n$ 和 $\ln W_n$，作图后线性拟合的斜率 s 为 1.006，相关系数 $r=99.8\%$，斜率 s 接近于 1，说明 2.76 是炭模板的表面分维数。同样，当 $D=2.72$ 时，以 $\ln Q_n$ 和 $\ln W_n$ 作图所得斜率 s 为 1.002，相关系数 $r=99.6\%$，2.72 是 bioSiC 的表面分维数。

炭模板和 SiC 的表面分维数都大于 2.7，接近于 3，说明两种样品表面非常粗糙，从侧面也说明它们是多孔材料。而且，炭模板和 SiC 的表面分维数相差不多，都在 2.7 左右，说明它们的表面粗糙程度基本相似，这也进一步证明二者孔结构相似，制备的 bioSiC 基本保持了炭模板的微观结构。

5.3.2 高粱基炭模板和 bioSiC 的表面分维数

同样，利用压汞数据对由高粱转化而来的炭模板和 bioSiC 的表面分维数进行计算，如图 5.3 所示。从图中可以看出，当 $D=2.70$ 时，以 $\ln Q_n$ 和 $\ln W_n$ 模拟出直线的斜率 $s=1.001$，相关系数 $r=99.7\%$，说明 2.70 是炭模板的表面分维数。而当 $D=2.73$ 时，以 $\ln Q_n$ 和 $\ln W_n$ 模拟的直线斜率为 0.999，相关系数为 99.5%，2.73 是 bioSiC 的表面分维数。

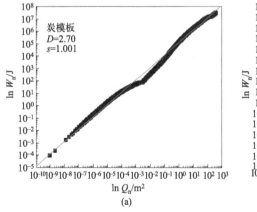
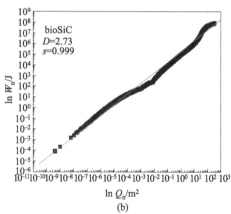

图 5.3 $\ln Q_n$ 和 $\ln W_n$ 的线性关系

进一步分析它们的表面分维数，也可以看出高粱基的炭模板和 bioSiC 为多孔材料，而且它们的表面分维数相近，说明它们的孔结构相似，bioSiC 复制了炭模板的微观结构。同时，分别比较小米基和高粱基的炭模板和 bioSiC，可以发现它们的表面分维数非常接近，都在 2.7 左右，说明它们的形貌相似，这主要是因为小米和高粱同为农作物果实，它们内部的细胞形状相似，所以表面分维数也较接近。

5.3.3 藕基炭模板和 bioSiC 的表面分维数

图 5.4 是由藕转化而来的炭模板和 SiC 的表面分维数示意图，从图中可以看出，$D = 2.51$ 时，模拟出的直线斜率为 1.000，2.51 是炭模板的表面分维数；$D = 2.58$，模拟出直线的斜率为 0.999，2.58 是 SiC 的表面分维数。同样，两种样品的表面分维数说明它们是多孔材料，而且相近的值也表达出二者相近的微观结构。但对由藕转化而来的炭模板和 bioSiC 的表面分维数进行拟合的过程中，得出的相关系数较小，尤其是图 5.4(a) 中的曲线，相关系数仅为 97.3%。还可以发现藕基炭模板和 bioSiC 的表面分维数与小米基和高粱基的差异较大，这可能是因为藕的细胞的形状大小与小米和高粱的不同，所以计算出的炭模板和 bioSiC 表面分维数也与之不同。

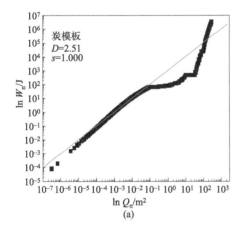
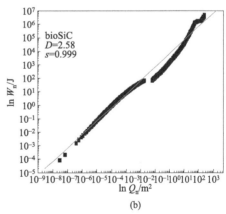

图 5.4　$\ln Q_n$ 和 $\ln W_n$ 的线性关系

本章小结

① 利用压汞数据，分别计算出由小米、高粱、藕转化而来的炭模板和 bioSiC 的表面分维数。

② 由三种植物质转化而来的炭模板和 bioSiC 的表面分维数都在 2.5 以上，说明它们是多孔材料，同时，相对应的炭模板和 bioSiC 的表面分维数相似，说明制备的 bioSiC 保持了炭模板的微观结构。

第6章

生物遗态炭钾离子电池负极

6.1　引言

生物遗态炭材料是将生物质材料经一系列处理转化为炭材料的产物，其具有复杂的孔道结构，孔结构的直径从纳米级到毫米级范围不等。核桃分心木是核桃仁内的木质部隔膜，作为一种农业废弃物，其具有复杂的管状细胞结构。炭化热解后核桃分心木的细胞壁可转化为碳骨架，形成从微观（细胞）到宏观尺度（骨架）的层次性多孔结构，提供一个离子导电的多通道网络，进而促进钾离子的嵌入脱出，将大大提高钾离子的扩散速率和储存容量。因此，核桃分心木炭作为钾离子电池负极将具有很大的应用前景。

将杂原子（N、P、S、F等）掺杂到碳结构中是提高电化学性能的有效方法[117]。主要原因是碳原子与异质原子的原子尺寸和电负性差异较大，使电子云排布和炭材料局部电子结构发生改变[118,119]。其中，氮因其电负性大而被广泛应用于炭材料的改性研究。氮元素的存在可以为炭材料提供更多的表面活性中心，如不同类型的缺陷和官能团等[120]。因此，以氮元素掺杂生物遗态炭作为负极材料有望制备出高性能钾离子电池。

本章以核桃分心木为原材料，通过氮元素掺杂制备核桃分心木基的生物遗态炭并作为钾离子电池负极，研究生物遗态结构和氮掺杂对储钾性能的影响。

6.2　核桃分心木基 N 掺杂炭的形貌结构

以核桃分心木作为原料，采用一步炭化法成功地制备了生物遗态炭，标记为 HPC。作为对比，先将核桃分心木浸渍在尿素溶液中，干燥后再炭化制备的生物遗态炭标记为 NHPC。合成路线如图 6.1 所示。

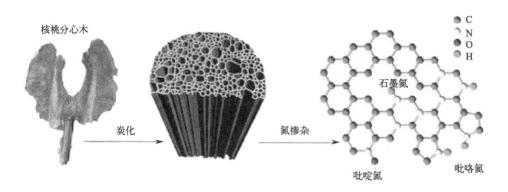

图 6.1　氮掺杂核桃分心木的合成示意图

6.2.1　核桃分心木基 N 掺杂炭的微观形貌

为研究核桃分心木基 N 掺杂炭材料的微观形貌，以 SEM 和 TEM 对

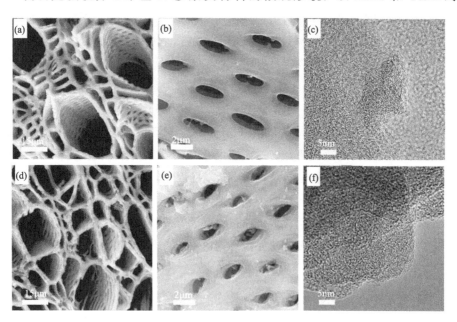

图 6.2　NHPC 和 HPC 的形态和结构特征

(a)，(b)，(d)，(e) SEM 图像；(c)，(f) TEM 图像

NHPC 和 HPC 进行分析。图 6.2 为 NHPC 和 HPC 的扫描和透射电镜图像。如图 6.2(a) 所示，NHPC 具有开放性的分级多孔结构，孔径为 1~20μm。图 6.2(b) 显示了 NHPC 管状细胞结构内壁的孔结构，其微孔分布均匀，具有一定规律。这些表明 NHPC 继承了原始核桃分心木的结构。这种特殊的分层结构为钾离子提供了一种导电的三维传输途径，并且这种疏松的网络状结构极大方便了电解质溶液浸入电极材料中，缩短了离子的传输路径，从而使钾离子电池具有更好的电化学性能。图 6.2(d) 和 (e) 为 HPC 的扫描图像，如图中所看到的 NHPC 和 HPC 的形貌和结构基本相同，表明氮掺杂对炭材料的孔隙结构影响不大。此外，为更细致地区分 NHPC 和 HPC 的微观形貌差异，用高分辨透射电镜对样品进行了表征 [图 6.2(c) 和 (f)]。从透射电镜图像中可以看到两种样品的内部非晶态结构相似，具有无序的碳相，这与硬碳的结构相似。

6.2.2　核桃分心木基 N 掺杂炭的物相特征

为了确定各个样品的物相组成，对 NHPC 和 HPC 进行 XRD 分析（图 6.3）。从图 6.3 中可以看出，在 $2\theta = 23.9°$ 处存在 NHPC（002）的宽衍射峰，这表明所制备的多孔炭中存在大量具有乱层石墨结构的微晶，且微晶形态很不规整，是典型的无序碳的结构特征，与透射图谱所得到的结果一致。根据布拉格定律，NHPC 的平均层间距（d_{002}）为 0.376nm，大于石墨的层间距

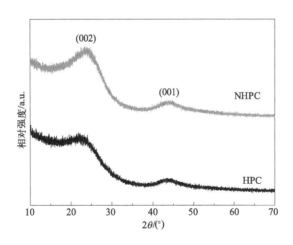

图 6.3　NHPC 和 HPC 的 XRD 图谱

（0.335nm），大的层间距有利于钾离子的嵌入/脱出。在 $2\theta=43.7°$ 处可观察到 NHPC 的（100）衍射峰。值得注意的是，（100）衍射峰强度相当微弱，表明石墨化程度相对较低。此外，由图 6.3 可以看到 HPC 和 NHPC 具有几乎相同的曲线，这表明 HPC 和 NHPC 结构基本相同，均为非晶态结构。

为确定氮掺杂对生物遗态炭无序程度的影响，采用拉曼光谱进一步分析了 NHPC 和 HPC 的结构（图 6.4）。如图 6.4 所示，在拉曼光谱中，D 带出现在约 1353cm^{-1} 处，G 带出现在约 1599cm^{-1} 处。D 带是由于 sp^2 键合碳在结构缺陷内的平面振动而产生的缺陷诱导带，代表材料中存在无序的碳或有缺陷的石墨结构。G 带则是由于单晶石墨中 sp^2 键合碳的面内振动所致，对应于石墨层或碳原子的切向振动。D 带与 G 带的强度比表示为 I_D/I_G，通过 I_D/I_G 可以了解晶体碳中结构缺陷的数量和分子有序程度，在一定程度上反映炭材料的无序程度。在本小节中，NHPC 的 I_D/I_G 约为 0.97，进一步表明 NHPC 的无序结构。HPC 的 I_D/I_G 约为 0.84，低于 NHPC 的 I_D/I_G 比值，这表明 N 掺杂可以在多孔表面提供更多的缺陷位，加剧碳的无序性。

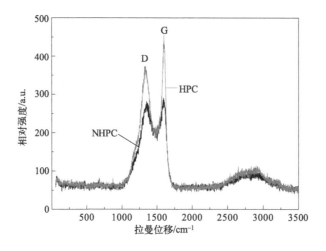

图 6.4　NHPC 和 HPC 的拉曼光谱

6.2.3　核桃分心木基 N 掺杂炭的孔结构特征

对电极材料进行比表面积测试。图 6.5 为采用 N$_2$ 吸附/脱附的方法测试 NHPC 和 HPC 的吸脱附曲线及孔径分布图。图 6.5(a) 为 NHPC 的 N$_2$ 吸脱附等温线，表现为 IV 型曲线。NHPC 和 HPC 的比表面积分别为 $99.6\mathrm{m}^2 \cdot \mathrm{g}^{-1}$ 和 $176.9\mathrm{m}^2 \cdot \mathrm{g}^{-1}$。由于氮掺杂可引起表面缺陷增加，通常掺氮后的硬碳比未掺氮的硬碳材料具有更高的比表面积。然而，在生物遗态炭的炭化处理过程中，氮掺杂可能会改变物质的释放以及芳香化过程，因纳米孔减少降低了材料的比表面积。如图 6.5(b) 和（d）所示，NHPC 的平均孔径（约 15nm）比 HPC 的平均孔径（约 5nm）大。

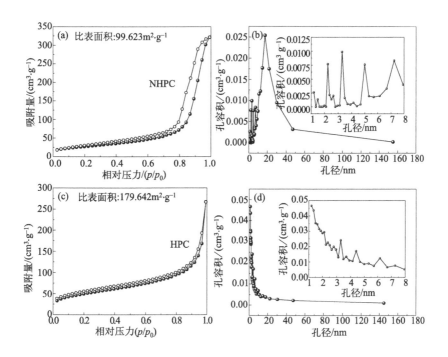

图 6.5　NHPC 和 HPC 的形态和结构表征

（a），（c）氮吸脱附等温线；（b），（d）氮吸附等温线相应的孔径分布曲线

6.2.4　核桃分心木基 N 掺杂炭的表面特征

为了阐明 NHPC 和 HPC 的组分和元素键合结构特点，对样品进行 X 射线光电子能谱（XPS）分析（图 6.6 和图 6.7）。图 6.6(a) 为 NHPC 的 XPS 总谱，经检测发现 NHPC 共含有三种元素碳、氧和氮。C 2s、N 2s 和 O 2s 峰分别对应于 285.1eV、401.1eV 和 532.1eV，且其原子含量分别为 89.57%、

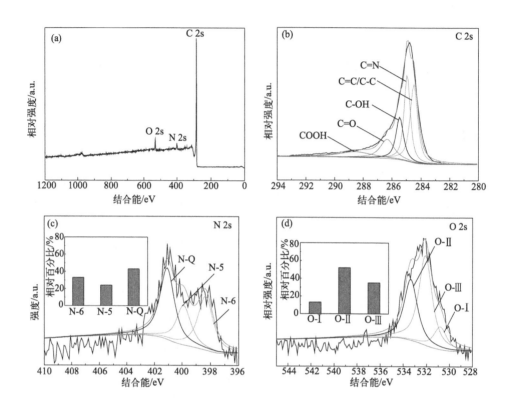

图 6.6　NHPC 化学成分的定量分析

(a) XPS 总光谱；(b)～(d) C 2s、O 2s 和 N 2s 的高分辨 XPS 谱

(c) 和 (d) 中的嵌入图分别表示 O 和 N 的相对百分比

5.45% 和 4.98%（表 6.1）。如图 6.6(b) 所示 C2s 峰可分为 5 个峰，分别代表 C—C/C=C、C=N、C—OH、C=O 和 COOH，且这五个峰分别处于 284.5eV、284.9eV、285.5eV、286.4eV 和 288.7eV 位置。C=N 的出现表明氮被成功地掺杂到炭材料中。图 6.6(d) 显示了 O 2s 的分峰：O-Ⅰ (530.9eV)、O-Ⅱ (532.1eV) 和 O-Ⅲ (533.4eV)，O-Ⅰ、O-Ⅱ 和 O-Ⅲ 的原子含量分别为 13%、52% 和 35%。随着 O-Ⅱ 含量的增加，炭材料的表面浸湿性也得到提高[117]。N 2s 峰可分为三个分峰：吡啶氮（N-6，398.3eV）、吡咯氮（N-5，399.8eV）和石墨化氮（N-Q，401.1eV）[121]。N-6、N-5 和 N-Q 的含量分别为 33%、24% 和 43%。N-6 和 N-5 的存在有利于提高钾离子的扩散速率，N-Q 则能提高炭材料的导电性[120,121]。

在 HPC 的 XPS 光谱（图 6.7）中，在 285.1eV 和 533.1eV 处分别检测到明显的 C 1s 和 O 1s 峰。XPS 中显示的 C 和 O 含量分别为 93.45% 和 6.55%（表 6.1）。高分辨的 C 1s 图谱在约 284.6eV、285.1eV、286.1eV 和 289.1eV 处显示出四个峰 [图 6.7(b)]，分别对应于 C—C/C═C、C—OH、C═O 和 COOH。O1s 在 531.6eV、532.6eV 和 533.7eV 处分别出现 O-Ⅰ（C═O）、O-Ⅱ（C—OH/C—O—C）和 O-Ⅲ（COOH）[图 6.7(c)]。图 6.7(c) 的嵌入图可观察到 O-Ⅰ、O-Ⅱ 和 O-Ⅲ 的原子含量分别为 30%、38% 和 32%。其中 C-OH 能提高炭材料表面的浸湿性[122]，C═O 能提高材料表面酸性[123]。

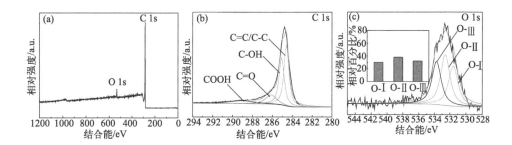

图 6.7 HPC 的高分辨率 XPS 光谱

（a）XPS 总光谱；（b）C1s；（c）O1s，其中嵌入的图谱显示 O 的相对百分比

表 6.1 HPC 和 NHPC 样品元素组成的 XPS 分析

样品	原子浓度/%		
	C	O	N
HPC	93.45	6.55	0
NHPC	89.57	4.98	5.45

6.3 核桃分心木基 N 掺杂炭负极电化学特性

6.3.1 循环伏安分析

以 NHPC 和 HPC 作为钾离子电池的负极，金属钾作为钾离子电池的正极组装纽扣电池并对其进行电化学测试。图 6.8(a) 为 NHPC 的循环伏安曲线。在第一个循环中，NHPC 电极在 0.70V 和 0.02V 左右出现两个还原峰，在

0.42V 出现一个氧化峰。在 0.70V 左右出现大而宽的还原峰表明电解质发生分解，形成固体电解质界面层（SEI）[118]，这是第一次放电/充电循环中的不可逆容量产生的主要原因。在 0.02V 左右出现的尖锐的还原峰与钾离子插入碳层并形成 KC_8 有关[124]。此外，在 0.2V 到 1.0V 范围内可以观察到较弱的驼峰。尖峰和驼峰分别对应于恒流充放电曲线的高原区和斜坡区。低电位的高原区对应的是钾离子嵌入石墨层的行为，而斜坡区则反映了表面诱导的钾离子储存的机理。随后的氧化峰与钾离子的脱出有关。从第二圈 CV 曲线到第五圈 CV 曲线可以观察到，在约 0.70V 处的还原峰消失，表明 SEI 主要形成于第一次充放电循环。同时 CV 曲线重叠，说明 NHPC 具有良好的可逆性和稳定性。图 6.8(b) 中 HPC 具有与 NHPC 相似的 CV 曲线，表明它们具有相似的电化学行为。

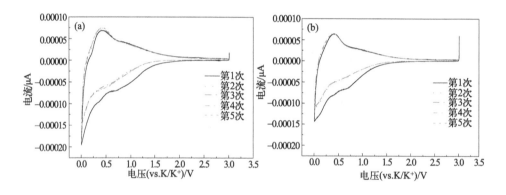

图 6.8　以 $0.1mV \cdot s^{-1}$ 的扫描速率测试的 CV 曲线

(a) NHPC；(b) HPC

6.3.2　恒流充放电分析

循环性能是离子电池主要测试的性能之一，为此对电极材料进行了恒流充放电测试（图 6.9）。图 6.9(a) 和 (b) 是在电流密度为 $0.1A \cdot g^{-1}$ 下的 NHPC 和 HPC 的充放电曲线，分别为两种材料的第 1、2、3、50、100 和 200 次的充放电循环。在第 50、100 和 200 次循环中，几乎完全重叠的充放电曲线表明 NHPC 和 HPC 作为钾离子电池负极具有良好的可逆性和循环稳定性。此外，NHPC 的初始库仑效率为 55.1%，这与其较低的比表面积有关。损失的不可逆容量主要是因为电极表面发生电解质的不可逆还原反应，形成 SEI 膜。

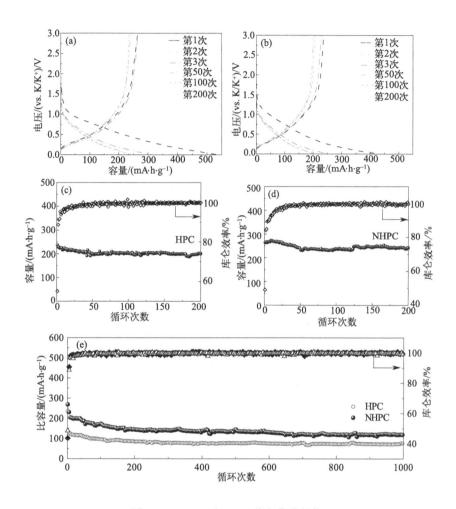

图 6.9　NHPC 和 HPC 的电化学性能

(a) 0.1A·g^{-1} 下 NHPC 的循环曲线；(b) 0.1A·g^{-1} 下 HPC 的循环曲线；

(c)，(d) 在 0.1A·g^{-1} 时循环 200 次的充放电曲线；(e) 在 1A·g^{-1} 时循环 1000 次的充放电曲线

与 NHPC 相比，HPC 比表面积高，其初始库仑效率相应较低，为 49.1%。在 0.1A·g^{-1} 的电流密度下对 NHPC 和 HPC 负极循环 200 次，研究其电化学性能 [图 6.9(c) 和 (d)]。对于 NHPC 材料，其首次放电容量为 478.4mA·h·g^{-1}，初始充电容量为 263.6mA·h·g^{-1}。在 50 次循环以后几乎没有产生容量损失。经过 200 次循环后，NHPC 的比容量为 242.5mA·h·g^{-1}，容量保留率高达 92.0%。相比较而言 HPC 作为钾离子电池负极，初始可逆容量为 236.8mA·h·g^{-1}，经

200 次循环后，容量维持在 200.5mA·h·g^{-1}，明显低于 NHPC。在 1A·g^{-1} 的大电流密度下对 NHPC 和 HPC 两电极材料进行长循环测试，如图 6.9(e) 所示，经过 1000 次循环 NHPC 和 HPC 两个样品的可逆容量分别稳定在 119.9mA·h·g^{-1} 和 74.1mA·h·g^{-1}，明显 NHPC 具有更好的长循环性能。

此外，进一步对 NHPC 和 HPC 的倍率性能进行分析。如图 6.10 所示，在 0.05A·g^{-1}、0.1A·g^{-1}、0.2A·g^{-1}、0.5A·g^{-1}、1.0A·g^{-1} 和 2.0A·g^{-1} 的电流密度下，NHPC 的可逆容量分别为 305.7mA·h·g^{-1}、290.5mA·h·g^{-1}、256.7mA·h·g^{-1}、206.9mA·h·g^{-1}、154.5mA·h·g^{-1} 和 102.6mA·h·g^{-1}。当电流密度恢复到 0.05A·g^{-1} 时，可逆容量恢复到 258.8mA·h·g^{-1}。在相同电流密度下，HPC 的可逆容量分别为 237.1mA·h·g^{-1}、221.0mA·h·g^{-1}、195.0mA·h·g^{-1}、156.6mA·h·g^{-1}、127.1mA·h·g^{-1} 和 94.4mA·h·g^{-1}。与 HPC 相比，NPHC 明显具有更高的倍率性能。

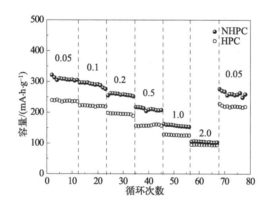

图 6.10　HPC 和 NHPC 在不同电流密度下的倍率性能

NHPC 表现出如此优异的电化学性能是因为：第一，较低比表面积的 NHPC 具有较高的比容量，这可能是由于较多的钾离子嵌入负极的碳层中。第二，NHPC 具有良好的循环稳定性，一个主要原因是负极材料具有极好的结构稳定性。图 6.11(c) 和 (d) 是 200 和 1000 次循环后 NHPC 负极的 SEM 图像。与图 6.2(b) 相比，循环过后的负极材料与初始状态的负极材料在微观结构上无明显差异，保持了原有的多孔结构而不崩塌，从而保证了负极的循环稳定性。因此，NHPC 具有较长的循环寿命和良好的电化学稳定性。第三，

NHPC 具有更高的容量和倍率性能，还可以归因于氮的掺杂使 NHPC 中形成了 N-5（吡咯氮）、N-6（吡啶氮）和 N-Q（石墨化氮）。作为活性官能团，N-5 和 N-6 能提高钾离子表面诱导储存的容量，N-Q 能提高离子电导率。

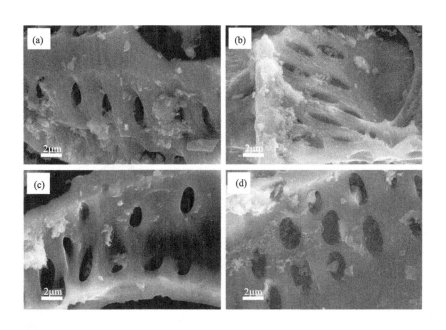

图 6.11　充放电后 NHPC 和 HPC 的 SEM 表征

(a) 在 0.1A·g^{-1} 下，200 次循环后 HPC 的 SEM 图；(b) 在 1A·g^{-1} 下，
1000 次循环后 HPC 的 SEM 图像；(c) 在 0.1A·g^{-1} 下，200 次循环后 NHPC 的 SEM 图；
(d) 在 1A·g^{-1} 下，1000 次循环后 NHPC 的 SEM 图

此外，对 NHPC 和 HPC 进行了 EIS 测量，结果如图 6.12(a) 所示。图中曲线由电荷转移电阻和表面 SEI 膜阻抗引起的高频和中频凹陷半圆以及低频区的由钾离子扩散引起的直线组成[125]。由凹陷半圆曲线可以看出，NHPC 的圆直径比 HPC 小，界面电阻较低。

6.3.3　储能机理分析

为了进一步揭示 NHPC 和 HPC 的存储机理，在扫描速率为 0.1～1mV·s^{-1} 的条件下，对负极材料进行了循环伏安研究（图 6.12）。采用邓恩法将扩散控制电荷和电容式电荷从一定电压下的总电荷贡献分离出来[119]。电流（i）与

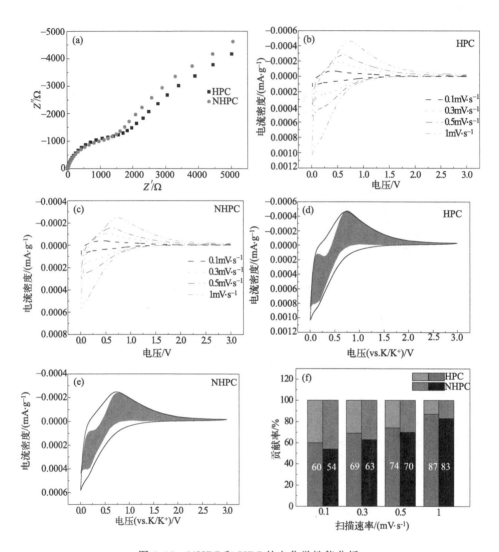

图 6.12 NHPC 和 HPC 的电化学性能分析

(a) 电化学阻抗谱；(b)，(c) 循环伏安图谱；(d)，(e) 在 0.1mV·s⁻¹ 扫描速率下由阴影区域
显示的电荷存储贡献；(f) 在 0.1～1mV·s⁻¹ 扫描速率下，比较插层和电容贡献产生的电荷储存

扫描速率（v）之间的关系可用方程 $i=av^b$ 表示[126,127]，其中 a 和 b 是常数；$b=1$ 对应于完全电容贡献行为，$b=0.5$ 对应于完全离子扩散控制行为。当 b 在 0.5 和 1 之间时，则总储存电荷来自这两种贡献，表示为：$i(V)=k_1v+k_2v^{1/2}$。图 6.12(d) 和 (e) 显示了扫描速率为 0.1mV·s⁻¹ 时 HPC 和 NHPC

的电容电荷的百分比图谱。阴影区域代表电容电荷的部分。在 $0.1 mV \cdot s^{-1}$ 下，NPHC 和 HPC 的表面吸附储能占总电荷储能的百分比分别为 54% 和 60%。图 6.12(f) 指出它们 54% 和 60% 的容量归因于电容行为，其余部分归因于插层机制。钾离子的扩散行为可以为 NHPC 提供 46% 的容量，这可能是低比表面积负极能够大量存储钾离子的主要原因。通常研究人员根据电容机理制备高比表面积、高比容量的硬碳负极，这不可避免地导致初始库仑效率低。如果提高离子扩散容量，硬碳负极可以同时获得高容量和高初始库仑效率。Xiao 等[128] 报道的硬碳离子储存研究表明，适当的层间距可以促进离子的插层行为。同时，适当的层间距和特殊的分层孔隙结构可能使 NHPC 具有较高的离子扩散能力。因此，设计低比表面积、合适的层间距和孔隙结构的硬碳对高容量和高初始库仑效率储钾有显著意义。随着扫描速率的增加，离子扩散行为逐渐减弱，钾离子插层/脱出减少，电容行为占主导地位，并且 NHPC 对电容行为的贡献小于 HPC。

本章小结

① 以核桃分心木制备了 HPC 和 NHPC，作为钾离子电池负极，它们都表现出优秀的电化学性能，这可能跟独特的生物遗态结构有关。

② 氮掺杂能在炭表面制造更多的活性位，促进钾离子吸附，从而进一步增加储钾性能。

第 7 章

生物遗态炭超级电容器电极

7.1 引言

超级电容器是一种介于电池和传统电容器之间的新型储能装置，由于具有功率密度高、充放电速度快和循环稳定性良好等优点，被广泛应用于现代电子设备中，并在近些年来显示出可观的应用前景。

根据工作原理，超级电容器一般分为两种基本模型：电化学双电层电容器和赝电容器[129]。前者在电极/电解质界面上发生电荷存储的物理现象。电子在充放电过程中只通过外电路进出电极表面，电解液中的阳离子和阴离子在溶液中移动，电极上没有化学反应，即不涉及法拉第过程，所以双电层电容器是高度可逆的。相反，后者是通过活性电极材料的氧化还原反应实现的。与电化学双层电容器相比，赝电容器中的电化学储能过程可以扩展到内部，使赝电容器具有更高的比电容和能量密度。同时，由于电极材料具有体积膨胀等问题，其循环稳定性降低。

超级电容器的电极材料包括过渡金属氧化物、炭材料、导电聚合物和金属有机骨架等[130-133]。在各种电极材料中，由于本身良好的导电性，相互连接的孔网络可以加速离子传输的动力学和确保更大的比表面积，多孔炭材料是最有前景的候选材料之一。然而，这种炭材料的制备需要昂贵的前驱体以及复杂的工艺过程，限制了它们的进一步发展。生物遗态炭材料作为高效的超级电容器电极已经引起了相当多的关注。

直接热解生物质会导致炭材料孔隙差、比表面积低和活性位点少。最近的研究表明，通过调整孔结构或杂原子掺入来增强炭基材料的电化学性能是一种可行的策略。活化是提高生物炭比表面积和丰富孔隙结构的常用方法之一。具有高比表面积的材料作为超级电容器电极有利于赝电容存储，从而获得更高的比电容。

核桃分心木具有丰富的层状多孔结构，经 KOH 活化后比表面积显著增加。本章以不同比表面积的生物遗态炭作为超级电容器电极分析了其电化学性能，发现基于核桃分心木电极的对称超级电容器具有优秀的比电容和能量输出功率，在储能应用方面具有巨大的潜力。

7.2　不同比表面积核桃分心木基炭的形貌结构

采用一步炭化和活化法制备不同比表面积的核桃分心木基炭。以 KOH 为活化剂，将所制备的 KOH 与玉米皮的质量比为 0∶1、1∶2、1∶1、2∶1 和 3∶1 的样品分别记为 BC、BC-0.5、BC-1、BC-2 和 BC-3。

7.2.1　不同比表面积炭的形貌结构特征

图 7.1(a)～(f) 是核桃分心木和加入不同含量 KOH 活化后的样品的 SEM 图。核桃分心木炭具有大量管胞状结构，内壁上有丰富的微孔，都完美

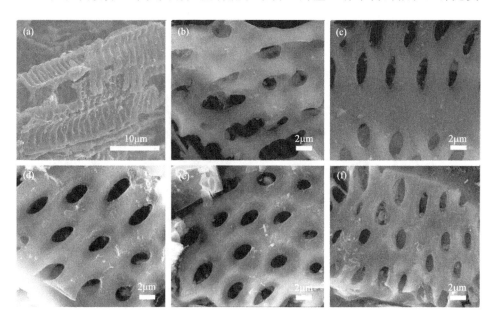

图 7.1　样品的 SEM 图

(a) 核桃分心木原样；(b) BC；(c) BC-0.5；(d) BC-1；(e) BC-2；(f) BC-3

地保留了核桃分心木的多孔结构。核桃分心木在热解过程中细胞壁脱水并收缩，由于小分子的挥发而形成气孔。加入活化剂 KOH 后，通过刻蚀炭材料产生更大的比表面积和多层次的孔隙。与 BC 相比，活化后生物遗态炭的连通多孔网络结构明显增加。加入的 KOH 越多，孔结构越小且越丰富。较高的孔隙率有利于离子的传输，增加比表面积，从而获得优异的电化学性能。

不同温度范围的 KOH 活化的原理（图 7.2）如下：

$$2KOH \longrightarrow K_2O + H_2O \tag{7.1}$$

$$H_2O + C \longrightarrow CO + H_2 \tag{7.2}$$

$$H_2O + CO \longrightarrow CO_2 + H_2 \tag{7.3}$$

$$CO_2 + K_2O \longrightarrow K_2CO_3 \tag{7.4}$$

$$6KOH + 2C \longrightarrow 2K + 3H_2 + 2K_2CO_3 \tag{7.5}$$

$$K_2CO_3 \longrightarrow K_2O + CO_2 \tag{7.6}$$

$$CO_2 + C \longrightarrow 2CO \tag{7.7}$$

$$K_2O + C \longrightarrow 2K + CO \tag{7.8}$$

$$K_2CO_3 + 2C \longrightarrow 2K + 3CO \tag{7.9}$$

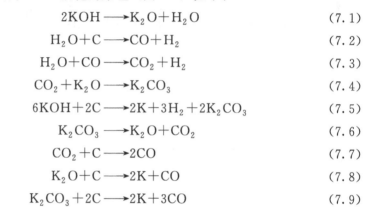

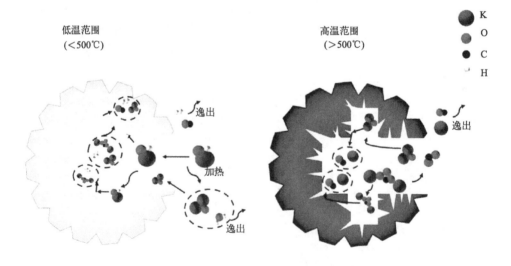

图 7.2　不同温度范围的 KOH 活化原理示意图

低温阶段的大部分反应是活化剂脱水形成活性中心的过程，如式(7.1)～式(7.4)所示；随后发生活化的中间体与反应物表面的 C 反应，引发径向成孔过程，形成大量微孔和介孔。进一步升温后，微孔内的钾离子发生活化反应，形成大孔。具体实现：在热解过程中，C 和 KOH 反应生成 K_2CO_3，在材料上留下大量空位。随后 K_2CO_3 直接或其分解产物与 C 反应产生 CO 气体导致孔隙结构的形成，如式(7.5)～式(7.9) 所示。活化后的样品不仅具有大量的微孔，而且具有较大的介孔率。相互连接的孔隙为离子传输提供了通道，微介孔的协同作用提高了以 BC-2 为电极材料的超级电容器的存储能力。

如图 7.3 所示，对不同孔结构的样品进行 TEM 分析。从图中可以看出，BC 和 BC-2 都是典型的无定形碳结构。从相应的 TEM 图像中也可以看出未经活化的样品 BC 在高倍放大下没有明显的孔隙，表现为表面光滑的炭颗粒，而BC-2 存在大量纳米级孔，和 SEM 分析结果一致。

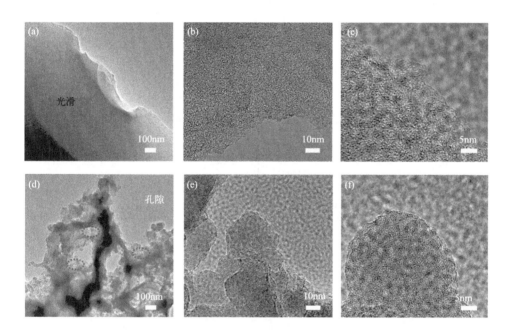

图 7.3　透射电镜图像
(a)～(c) BC；(d)～(f) BC-2

7.2.2　炭材料物相结构特征

图 7.4(a) 为核桃分心木基多孔炭的 XRD 图谱，大约在 23.8 和 43.4°处

出现两个宽的衍射峰，对应于（002）和（001）面，表明所制备的多孔炭是无序的或无定形的碳。同时，可以清晰地观察到随着 KOH 含量的增加，（001）衍射峰的强度略有减弱。这可能是由于 KOH 活化形成炭材料缺陷，降低了炭材料结构的规则性，结果与 TEM 分析一致。

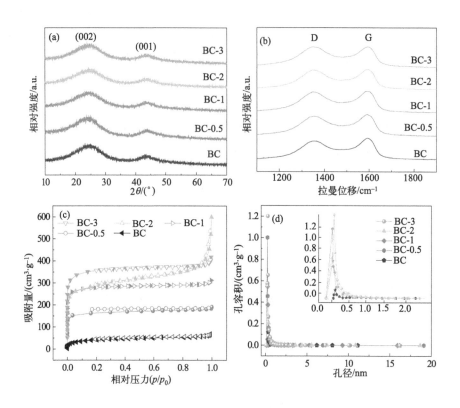

图 7.4 样品结构表征

（a）XRD；（b）拉曼光谱；（c）N_2 吸脱附等温线；（d）孔径分布

炭材料的拉曼光谱如图 7.4(b) 所示，在 $1349cm^{-1}$（D 带）和 $1592cm^{-1}$（G 带）处有两个峰。众所周知，材料中无序的碳或者有缺陷的石墨结构由 D 带表示。相比之下，G 带与石墨中的 sp^2 杂化碳原子密切相关。通过使用 D 带和 G 带的强度比（I_D/I_G）来确定炭中的缺陷程度。BC、BC-0.5、BC-1、BC-2 和 BC-3 的 I_D/I_G 值分别为 0.86、0.92、0.96、0.97 和 0.99。I_D/I_G 值的增加是由于 KOH 剂量的增加导致的，这意味着 BC-0.5、BC-1、BC-2 和 BC-3 比 BC 具有更多的无序和缺陷碳，与上述分析结果一致。

7.2.3　不同比表面积炭的孔结构特征

对样品进行 N_2 吸附/脱附测试来分析多孔结构。图 7.4(c) 和 (d) 显示 BC、BC-0.5、BC-1、BC-2 和 BC-3 的比表面积分别为 $62.6m^2 \cdot g^{-1}$、$457.4m^2 \cdot g^{-1}$、$916.8m^2 \cdot g^{-1}$、$1003.9m^2 \cdot g^{-1}$ 和 $1281.3m^2 \cdot g^{-1}$。显然，由于 KOH 在高温下的活化作用，活化的样品比未活化的样品具有更大的比表面积和更丰富的孔隙。一般来说，材料的比表面积和空隙结构对电容器电容有很大影响，比表面积大，有利于存储更多的电荷，合理的空隙结构，有利于电解液中离子的传输。如表 7.1 所示，BC-3 具有最大的比表面积，主要来源于微孔。BC-2 比表面积略小，但其存在更多的介孔，有利于电解液离子传输。

表 7.1　不同生物炭样品的孔隙结构的比较

样品	比表面积/$(m^2 \cdot g^{-1})$	$V_微/(cm^3 \cdot g^{-1})$	$V_介/(cm^3 \cdot g^{-1})$	$V_总/(cm^3 \cdot g^{-1})$	$V_介/V_微$
BC-0.5	457.4	0.26	0.04	0.30	0.15
BC-1	916.8	0.43	0.06	0.49	0.14
BC-2	1003.9	0.45	0.48	0.93	1.07
BC-3	1281.3	0.56	0.09	0.65	0.16

7.2.4　不同比表面积炭的表面特性

使用 XPS 进一步确认样品表面的官能团和元素组成。从表 7.2 可以看出 BC-2 主要包括 87.55% 的 C、11.17% 的 O 和 1.28% 的 N（原子数分数）。由于活化过程碳晶格中存在大量氧，加入 KOH 活化后 C 元素含量降低，O 元素含量增加。如图 7.5 和图 7.6 所示，从高分辨率 C 1s 光谱可以看出，C—C/C＝C、C—N/C—O、C＝O 和 O—C＝O 分别位于 284.6eV、285.1eV、286.2eV 和 289.2eV。氧元素以不同的形式存在，分别为 C—O（532.4eV）、C＝O（533.2eV）和 HO—C＝O（535.5eV）。N 1s 光谱分为三种类型，分别是吡啶-N（398.2eV，N-6）、吡咯-N（400.2eV，N-5）和石墨-N（401.1eV，N-Q）。N-5 和 N-6 可以提高炭材料的赝电容，而石墨-N 有利于提高电子导电性，因此含氮官能团通过额外的法拉第氧化还原反应具有高电荷迁移率、高表面能和高赝电容，从而提高了电化学容量。此外，含氧官能团也有利于电极润湿性和电荷存储。BC-2 含有最高的氧含量（表 7.2）和丰富的含氮基团，暗示它作为超级电容器电极材料可能具有更好的容量。

表 7.2　生物遗态炭的化学组成

样品	C 原子含量/%	O 原子含量/%	N 原子含量/%
BC	92.78	5.97	1.25
BC-0.5	90.12	8.51	1.38
BC-1	89.91	8.87	1.22
BC-2	87.55	11.17	1.28
BC-3	89.37	9.29	1.34

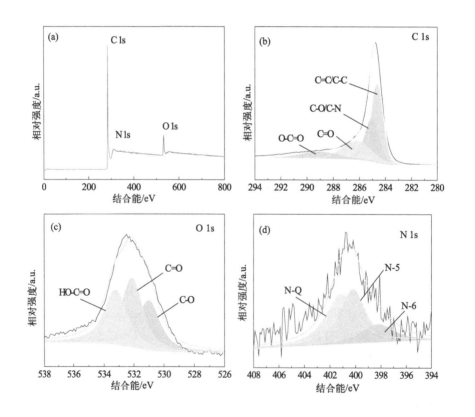

图 7.5　BC-2 样品的 XPS 谱

(a) 总光谱；(b) C1s；(c) O1s；(d) N1s

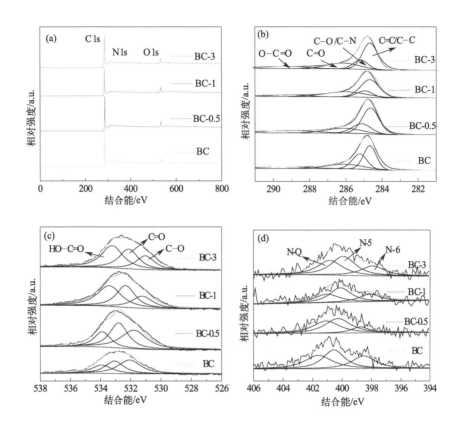

图 7.6　样品的 XPS 图谱

(a) BC、BC-0.5、BC-1、BC-3 的 XPS 图谱；

(b)～(d) BC、BC-0.5、BC-1 和 BC-3 的 C 1s，O 1s 和 N 1s 谱

7.3　电容性能分析

在 3mol/L KOH 的三电极系统中测试超级电容器的电化学性能。从图 7.7(a) 可以看出活化样品的 CV 曲线是近乎矩形的曲线，表明它们的双电层电容行为。随着 KOH 含量的增加比表面积增大，类矩形面积明显增加，说明比表面积的增加和孔隙率的提高有利于电解液中离子的输送，降低了整个电极的阻抗。BC-2 显示出最大的 CV 曲线面积，这意味着 BC-2 在所制备的电极材料中具有最大的比电容。五个样品在 $1A \cdot g^{-1}$ 下的充放电曲线如图 7.7(b)

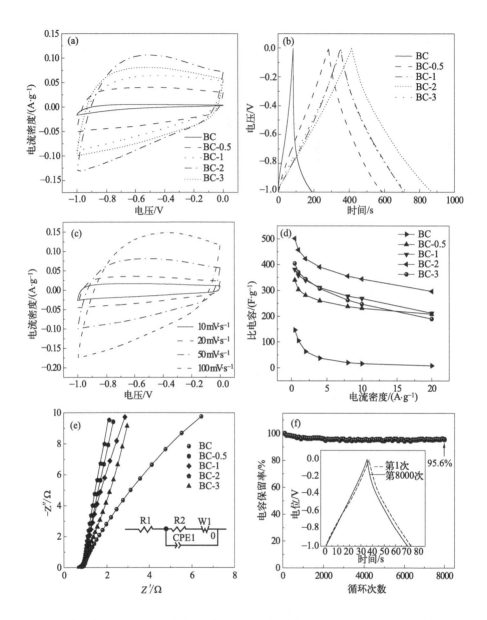

图 7.7 样品在 $50\text{mV} \cdot \text{s}^{-1}$ 下的 CV 曲线（a）；样品在 $1\text{A} \cdot \text{g}^{-1}$ 下的充放电曲线（b）；
BC-2 在不同扫描速率下的 CV 曲线（c）；五种样品在不同电流密度下的比电容（d）；
奈奎斯特图（e）；在 $10\text{A} \cdot \text{g}^{-1}$ 下的长循环曲线（f）

所示。根据方程：

$$C = \frac{I \Delta t}{m \Delta V}$$

C 为比电容；I 为电流密度；Δt 为放电时间；ΔV 为电压范围；m 为活性物质质量。计算得到样品的比电容分别为 105、303、358、457 和 370F·g^{-1}。显然，活化样品的性能明显高于 BC。

图 7.7(c) 是 BC-2 在不同扫描速率下的 CV 曲线。近乎矩形的形状表明了 BC-2 在电化学循环过程中具有优异的可逆电容。从图 7.7(d) 可以发现，BC-2 在不同的电流密度下具有比其他样品更高的比电容（表 7.3），与上述 CV 结果一致。随着电流密度的增加，所有样品的比电容呈降低趋势，这是因为在低电流密度下，离子在电解液中扩散速度较慢，可以扩散到电极材料内部的孔隙中，比表面积利用充分，而在大电流密度下，由于离子扩散速度较快，电解质离子浓度增大，使离子在孔隙中扩散阻力增大，导致离子无法在电极内部扩散，因此比电容较低。值得注意的是，BC-2 在 20A·g^{-1} 时仍保持 296.4F·g^{-1}，显示其良好的倍率性能。

图 7.8(d) 为 BC-2 从 0.5A·g^{-1} 到 10A·g^{-1} 的 GCD 曲线。显然，GCD 曲线呈等腰三角形，说明 BC-2 电极具有良好的电容性能和优异的电容可逆特性。

表 7.3　五种炭材料在不同电流密度下的比电容

样品	电流密度						
	0.5A·g^{-1}	1A·g^{-1}	2A·g^{-1}	4A·g^{-1}	8A·g^{-1}	10A·g^{-1}	20A·g^{-1}
BC	146.35	105.2	63	37.2	20.16	16.2	8.2
BC-0.5	339.5	303	281	259.6	237.6	231	208
BC-1	380.5	358	339.2	311.2	277.6	268.6	212
BC-2	501.5	457	422.2	390.4	355.2	344	296.4
BC-3	404	370	343.6	306.8	262.4	247	189.6

通过测量生物遗态炭电极的阻抗以研究其反应动力学。图 7.7(e) 为生物遗态炭的 Nyquist 图。可以看出，BC-2 在五个样品中获得了最小的 Warburg 阻抗。这可能归因于 BC-2 中的分级孔结构，尤其是丰富的介孔和微米级的大孔，为电解质离子快速扩散到电极中提供了途径。此外，在 10A·g^{-1} 电流密度下测试了 BC-2 的长循环性能。图 7.7(f) 显示 8000 次循环后比电容仍保持在 344.1F·g^{-1}，说明在充放电过程中电极具有优异的电化学稳定性和良好的

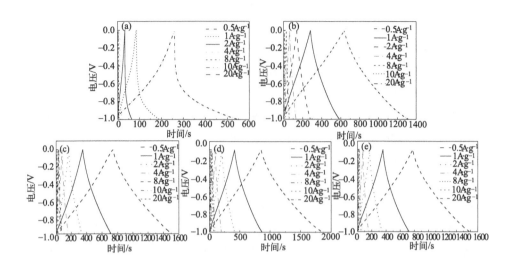

图 7.8 BC (a)、BC-0.5 (b)、BC-1 (c)、BC-2 (d)、BC-3 (e)
电极在不同电流密度下的 GCD 曲线

可逆性。第一次和最后一次几乎相似的充放电曲线也进一步显示出其稳定的循环能力 [图 7.7(f)]。

　　BC-2 的电化学性能显著提高主要是由于以下因素：①BC-2 所具有的微介孔结构有利于增加比表面积；②分级孔结构可以存储电解质离子并减小离子扩散距离；③电极表面与电解液的充分接触可以有效降低离子扩散阻力并获得额外的活性位点，从而增加 BC-2 的可逆性。

7.4　对称超级电容器的性能

　　以 BC-2 为电极组装了柔性对称超级电容器，图 7.9(a) 为组装的柔性对称超级电容器的示意图，是由 BC-2 样品、PVA/KOH 凝胶以及泡沫镍组成的类似三明治形状的结构模型。图 7.9(b) 为柔性对称超级电容器在不同扫描速率下的 CV 曲线，可以看出，其在 $200\text{mV} \cdot \text{s}^{-1}$ 处仍能保持典型的矩形轮廓。在图 7.9(c) 中，充放电曲线在 $10\text{A} \cdot \text{g}^{-1}$ 处呈现等腰三角形，表明 BC-2 电极具有良好的充放电效率和优异的电容可逆性。如图 7.9(d) 所示，组装的柔性对称超级电容器表现了出色的比电容值（$113.8\text{F} \cdot \text{g}^{-1}$），在 $10\text{A} \cdot \text{g}^{-1}$ 时容量保持率大约为 65%，表明柔性对称超级电容器具有优异的倍率性能。如

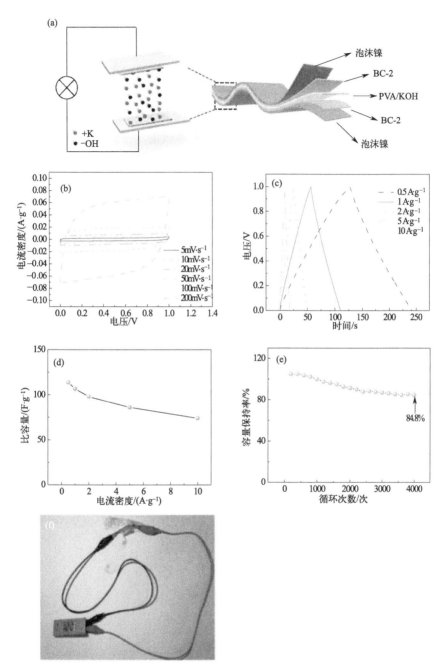

图 7.9　BC-2 对称超级电容器的示意图（a）；不同扫描速率下的 CV 曲线（b）；
不同电流密度下的充放电曲线（c）；BC-2 对称超级电容器的比电容（d）；
在 $5A \cdot g^{-1}$ 时的长循环性能（e）；超级电容器供电给电子表（f）

图 7.9(e) 所示，柔性对称超级电容器在 5A·g^{-1} 下循环 4000 次，其容量保持率为 84.8%，这表明由核桃分心木衍生的生物遗态炭材料具有优异的电化学稳定性。此外，也计算了柔性对称超级电容器的能量密度和功率密度，在 320W·kg^{-1} 时表现出的最大能量密度为 10.12W·h·kg^{-1}，在 6400W·kg^{-1} 时保持 6.57W·h·kg^{-1} 的能量密度。此外，充满 PVA/KOH 固体电解质的串联设备也能够为额定电压为 1.5V 的电子手表供电 [图 7.9(f)]。

本章小结

① 高比表面积的核桃分心木生物遗态炭电极具有更高的比电容，电流密度为 1A·g^{-1} 时 BC-2 的电化学性能最好，此比电容为 457F·g^{-1}，循环 8000 次后电容保持率为 95.6%。

② 组装的柔性对称超级电容器在 320W·kg^{-1} 时的能量密度为 10.12W·h·kg^{-1}。证实以核桃分心木基炭为电极材料的柔性对称超级电容器的优异性能。

第 8 章

生物遗态炭在 ORR 和 OER 中的应用

8.1 引言

近年来，锌空气电池因其高比能量、高安全性、高效率而受到广泛关注。然而，受氧还原（ORR）和氧析出（OER）反应固有的缓慢动力学过程的限制，锌空气电池尚未在大规模应用中得到广泛应用[134,135]。因此，开发高效的双功能催化剂以促进空气电极上的反应至关重要。

Pt/C 和 RuO$_2$/IrO$_2$ 长期以来一直被认为是优异的 ORR 和 OER 的催化剂。然而，高成本限制了它们在锌空气电池中的大规模使用。开发低成本、高效、耐用的无金属双功能催化剂来替代这些催化剂是一项重要的工作。

炭由于其低成本、高电子导电性、高比表面积和环境友好性而成为优良的电催化剂候选[136]。杂原子掺杂可以有效提高炭材料的 ORR/OER 活性和耐久性[137,138]。不同的杂原子如 N、S 和 B 可导致 sp^2 碳平面的电荷重新分布及其自旋状态的变化，这将促进反应中的电子传递和 O$_2$ 及其中间体在催化剂表面的吸附[139-142]。此外，适当的孔隙率和微观结构，如分级孔隙结构，有利于电解质的渗透以及离子和 O$_2$ 的快速运输，从而提高电催化活性。

生物遗态炭继承了来自天然植物的含有微孔、介孔和大孔的分级多孔结构[143]。微孔提供高表面积，以提供更多的活性位点。大孔提供连接的传质通道。因此，杂原子掺杂的生物遗态炭可能是优秀的 ORR 和 OER 双功能催化剂。

本章以废弃豆渣制备 N、B、F 三掺杂生物遗态炭作为 ORR 和 OER 双功能催化剂，结果表明催化剂具有较高的活性，表现出优异的耐久性和抗甲醇性。

8.2　豆渣基炭形貌结构特征

将豆渣用 1mol/L 的盐酸酸洗，洗至中性后，浸泡在 KOH 溶液中，干燥，置于管式炉中氩气氛下 800℃热解。样品标记为 C-raw。作为比较，另外加入 NH_4BF_4 制备的样品标记为 C-NBF。同时加入 NH_4BF_4 和 $CoCl_2$ 制备的样品，标记为 C-NBF-G。

采用 SEM 和 TEM 对 3 个样品的微观结构进行了表征。图 8.1(a)～(c)分别显示了 C-raw、C-NBF 和 C-NBF-G 的形态特征，从图中可以看出，制备的材料具有分级多孔炭结构，孔径大概为 2～20μm。大孔提供物质运输途径，促进电解质、氧气及其中间体进入催化剂表面，从而实现快速反应和提高催化活性。利用 HR-TEM 进一步分析 3 个样品的微观结构，图 8.1(d)～(f)显示，所有样品均具有相似的无定形结构，为无序碳相。此外，C-NBF-G 表现出比其他两种材料更有序的碳相结构，表明它具有更高的石墨化程度。图 8.1(g)～(m)为 HAADF-STEM 图像以及 C、O、N、B 和 F 元素的相应元素映射图。结果表明，C-NBF-G 中均匀分布了五种元素，证实 N、B 和 F 原子成功掺杂到碳结构中。

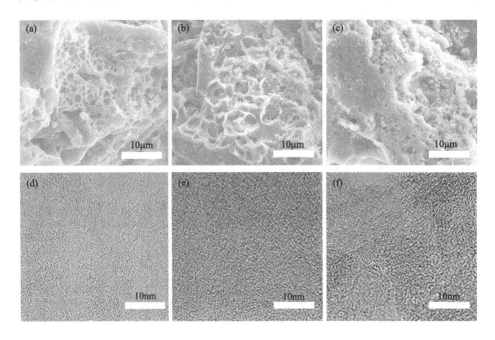

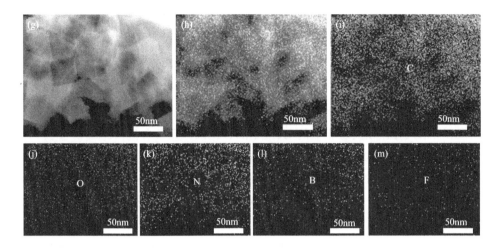

图 8.1　形貌表征

(a)～(c)C-raw、C-NBF 和 C-NBF-G 的 SEM 图片；(d)～(f)C-raw、C-NBF 和 C-NBF-G TEM 图片；
(g)～(m)C-NBF-G HADDF-STEM 图和对应的元素分布 C、O、N、B 和 F

为了进一步阐明晶相和元素价键结构，采用 XRD 和拉曼光谱对 3 个样品进行分析。在 XRD 图谱[图 8.2(a)]中，可以发现两个宽的 (002) 和 (100) 衍射峰，进一步证明它们的无定形特性。在拉曼光谱[图 8.2(b)]中，$1346cm^{-1}$ 和 $1584cm^{-1}$ 处的两个峰是 D 和 G 峰，分别对应于无序缺陷结构和有序化石墨结构。峰强比 (I_D/I_G) 是描述其石墨化程度的重要标志。通过计算，C-raw、C-NBF 和 C-NBF-G 的 I_D/I_G 比值分别为 1.08、1.01 和 1.001，C-NBF-G 的 I_D/I_G 比值最小，表明石墨化程度最高，这是因为钴在炭化过程中的催化作用，提高了炭的石墨化程度。

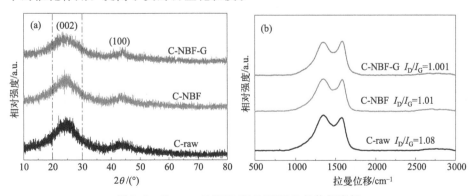

图 8.2　C-raw、C-NBF 和 C-NBF-G 的物相表征

(a) XRD；(b) 拉曼光谱

进一步通过 XPS 分析样品的表面性质。从图 8.3 可以看出，C-NBF 和 C-NBF-G 有五个特征峰，分别在 191eV、285eV、400eV、532eV 和 687eV 处，对应于 B 1s、C 1s、N 1s、O 1s 和 F 1s。而 C-raw 只有 C 1s、N 1s 和 O 1s 三个特征峰，元素 N 主要来源于豆渣本身。表 8.1 为各样品的原子含量，与其他样品相比，C-raw 样品表现出较高的 C 和 O 元素含量和低的 N 元素含量，C-NBF 和 C-NBF-G 具有相似的 C、O、N、B 和 F 元素含量。

图 8.3(b)~(d)为 C-NBF-G 的高分辨率 C 1s、O 1s 和 N 1s 光谱。C 1s 谱主要由四个峰组成：C—C（284.76eV）、C—N（286.38eV）、C—O（287.97eV）、C＝O（291.27eV）。O 1s 谱主要由四个峰组成：C＝O（530.51eV）、C—OH（532.28eV）、C—O—C（533.84eV）和 C—COOH（535.64eV）。N 1s 谱分为四个峰：吡啶-氮（398.48eV）、吡咯-氮（399.28eV）、石墨-氮（400.6eV）和氧化-氮（404.78eV），含量分别为 6.5%、28%、52.84% 和 12.66%（表 8.2）。从图 8.4(c) 和图 8.5(c) 可以看出，C-raw 的 N 1s 谱可以分为三种峰，分别对应于吡啶-氮（398.66eV）、吡咯-氮（400.66eV）和氧化-氮（405.96eV），含量分别为 18.04%、68.20% 和 13.76%。C-NBF 的 N 1s 谱可分为 4 种，分别对应于吡啶-氮（399.18eV）、吡咯-氮（400.09eV）、石墨-氮（401.84eV）和氧化-氮（406.54eV），含量分别为 10.14%、44.39%、39.83% 和 5.64%。结果表明，由于 Co 的参与，部分吡啶-氮和吡咯-氮通过一系列反应转化为石墨-氮。吡啶-氮和石墨-氮通常被认为是氧化还原反应的活性位点，可以通过四电子机制促进氧吸附和氧选择性还原，从而提高催化性能。C-NBF-G 催化剂具有高石墨-氮含量，可有助于提高样品电导率，从而有助于 ORR 和 OER 进程。

C-NBF-G 的 B 1s 光谱[图 8.3(e)]主要由两个峰组成：BC_3（190.72eV）和 BC_2O（191.46eV），没有 B—N 键形成。B 掺杂可以促进催化过程中的电子传递。C-NBF-G 和 C-NBF 的 F 1s 光谱[图 8.3(f)和图 8.5(e)]主要由两个峰组成：F 离子和 C—F。C-NBF-G 的 F 离子和 C—F 含量分别为 55.30% 和 44.70%，而 C-NBF 的 F 离子和 C—F 含量分别为 49.09% 和 50.91%。F 离子具有很强的电负性，可以诱导电荷再分布，显著提高炭催化剂的催化活性。此外，F 离子具有比共价 C—F 更高的电催化活性（特别是对于 OER）[143]。因此，F 离子含量高的 C-NBF-G 可能比 C-NBF 具有更好的催化活性。

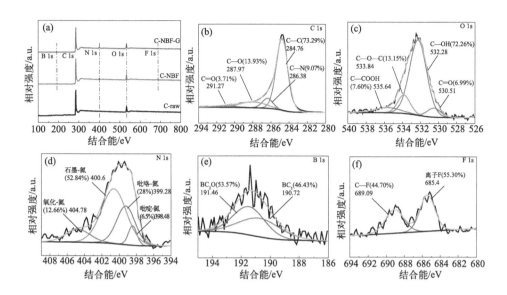

图 8.3　XPS 图谱

（a）C-raw、C-NBF 和 C-NBF-G XPS 总光谱；

（b）~（f）C-NBF-G 高分辨谱：C 1s、O 1s、N 1s、B 1s 和 F 1s

表 8.1　XPS 分析的各元素原子含量　　　　　　　　　　单位：%

样品	C	O	N	B	F
C-raw	88.15	10.40	1.45	—	—
C-NBF	83.68	7.86	4.91	2.55	1.00
C-NBF-G	83.66	7.87	5.31	2.23	0.93

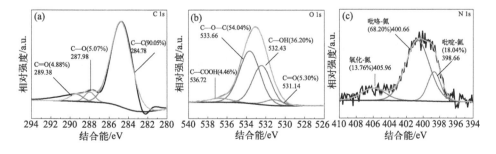

图 8.4　C-raw 高分辨谱

（a）C 1s；（b）O 1s；（c）N 1s

表 8.2　各种形式氮的含量　　　　　　　　　　单位：%

样品	吡啶-氮	吡咯-氮	石墨-氮	氧化-氮
C-raw	18.04	68.20	—	13.76
C-NBF	10.14	44.39	39.83	5.64
C-NBF-G	6.5	28	52.84	12.66

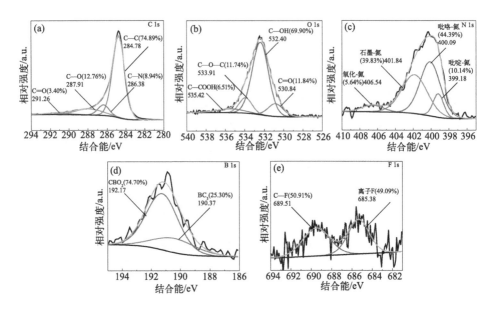

图 8.5　C-NBF 高分辨谱

(a) C 1s；(b) O 1s；(c) N 1s；(d) B 1s；(e) F 1s

采用 N_2 吸/脱附法测定 C-raw、C-NBF 和 C-NBF-G 的比表面积和孔径分布。图 8.6(a) 是三种样品的 N_2 吸脱附等温线。C-raw、C-NBF 和 C-NBF-G 的比表面积分别为 $115.6 m^2 \cdot g^{-1}$、$144.4 m^2 \cdot g^{-1}$ 和 $393.3 m^2 \cdot g^{-1}$。C-NBF-G 具有的大比表面积可能是由于 Co 元素的参与[144]。图 8.6(b) 显示 C-raw、C-NBF 和 C-NBF-G 具有相似的微孔和介孔结构的尺寸分布。结合 SEM 分析，制备的生物遗态炭具有纳米至微米级的分级多孔结构。微孔可以提供较大的比表面积和孔隙率以增加活性位点，而介孔和大孔隙可以有效促进电解质、氧气及其中间体的快速扩散。因此，三种样品的特殊微观结构有利于促进其电催化性能。

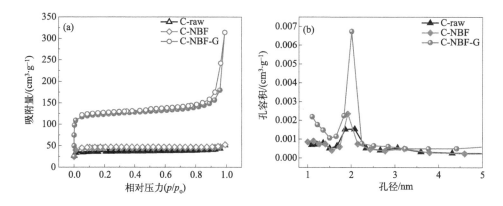

图 8.6　样品的孔结构特征

（a）C-raw、C-NBF 和 C-NBF-G 的氮吸脱附等温线；（b）C-raw、C-NBF、C-NBF-G 的孔尺寸分布

8.3　电催化性能分析

对 C-raw、C-NBF、C-NBF-G 和质量分数 20％Pt/C 商用催化剂的 ORR 和 OER 的电化学性质进行研究。图 8.7（a）为四种催化剂在 O_2 饱和的 0.1mol/L KOH 电解液中测试的 CV 图。C-NBF-G 在 0.88V 左右显示出很强的还原峰，表明其在碱性条件下具有很高的催化性能。采用线性扫描伏安法（LSV）在旋转圆盘电极（RDE）上以 1600r/min 的转速比较了不同催化剂的 ORR 性能。通常使用起始电位（$\varphi_{起始}$）、半波电位（$\varphi_{1/2}$）和极限电流密度来评价 ORR 的催化性能。高的 $\varphi_{起始}$ 或 $\varphi_{1/2}$ 意味着相同电流密度下过电位越小，催化剂活性就越高。如图 8.7（b）和表 8.3 所示，C-raw、C-NBF 和 C-NBF-G 的 $\varphi_{起始}$、$\varphi_{1/2}$ 和极限电流密度分别为 0.82V、0.662V、3.36mA·cm^{-2}，0.87V、0.755V、5.41mA·cm^{-2}，0.94V、0.824V、5.92mA·cm^{-2}。三种样品中，C-NBF-G 的 ORR 催化性能最佳，甚至接近 Pt/C 的性能（0.97V、0.846V、5.03mA·cm^{-2}）。

表 8.3　C-raw、C-NBF、C-NBF-G、Pt/C 和 RuO_2 的 ORR/OER 特性

样品	$\varphi_{起始}$/V	$\varphi_{1/2}$/V	J/(mA·cm^{-2})	$\varphi_{j=10}$/V	$\Delta\varphi$/mV	过电位/mV
C-raw	0.82	0.662	3.36	1.972	1310	742
C-NBF	0.87	0.755	5.41	1.684	929	454

续表

样品	$\varphi_{起始}$/V	$\varphi_{1/2}$/V	J/(mA·cm^{-2})	$\varphi_{j=10}$/V	$\Delta\varphi$/mV	过电位/mV
C-NBF-G	0.94	0.824	5.92	1.563	739	333
Pt/C	0.97	0.846	5.03	1.801	955	571
RuO$_2$	—	—	—	1.592	—	362

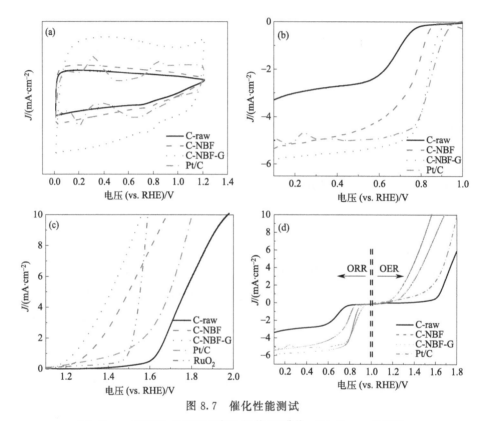

图 8.7 催化性能测试

(a) C-raw、C-NBF、C-NBF-G 和 Pt/C 的 CV 曲线；(b) C-raw、C-NBF、
C-NBF-G 和 Pt/C 1600r/min 的 LSV (ORR) 曲线；(c) C-raw、C-NBF、C-NBF-G、Pt/C 和
RuO$_2$ 1600r/min 下的 OER 极化曲线；(d) C-raw、C-NBF、C-NBF-G 和 Pt/C 在 1600r/min 的电位差

图 8.8(a)～(b)为 C-NBF-G 在不同转速下的 LSV 曲线和相应的 K-L 曲线。基于 LSV 曲线通过 K-L 方程来计算 C-raw、C-NBF 和 C-NBF-G 的电子转移数(n)(图 8.9 和图 8.10)。C-raw 在 0.2V、0.3V、0.4V、0.5V 和 0.6V 下的 n 值分别为 3.50、3.27、3.06、2.95 和 3.07，C-NBF 的 n 值分别为 3.42、3.32、3.25、3.21 和 3.21，C-NBF-G 的 n 值分别为 3.97、3.98、3.88、3.82 和 3.76。此外，基于旋转环盘电极 (RRDE) 上 1600r/min 测试

下获得的 LSV 曲线，可以计算 H_2O_2 产率和 n 值。图 8.8(d) 显示 C-NBF-G 从 0.10V 到 0.80V 的 H_2O_2 产率和 n 值，计算出的 n 值为 3.911～3.884，H_2O_2 产率为 4.431%～5.822%，进一步验证了 C-NBF-G 的 4e⁻ 氧还原过程。

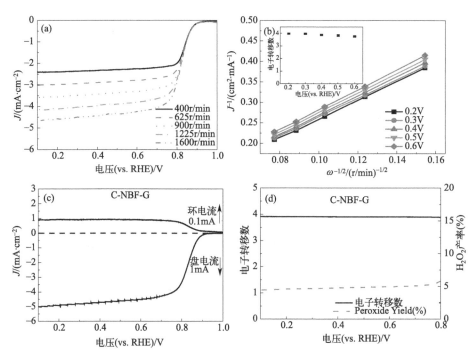

图 8.8　C-NBF-G 在 400～1600r/min 下的 LSV 曲线 (a)；C-NBF-G 的 K-L 曲线
（内嵌 C-NBF-G 0.2～0.6V 的电子转移数）(b)；C-NBF-G 在 1600r/min LSV
（RRDE）曲线 (c)；C-NBF-G 电子转移数 n 和 H_2O_2 产率 (d)

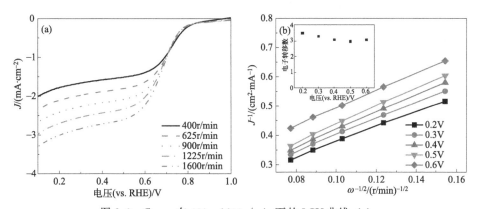

图 8.9　C-raw 在 400～1600r/min 下的 LSV 曲线 (a)；
C-raw 的 K-L 曲线（内嵌 C-raw 0.2～0.6V 的电子转移数）(b)

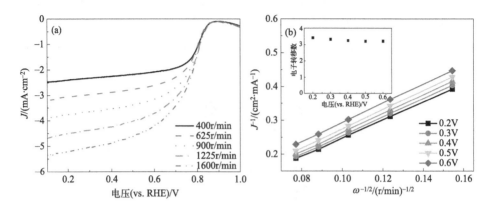

图 8.10　C-NBF 在 400～1600r/min 下的 LSV 曲线（a）；
C-NBF 的 K-L 曲线（内嵌 C-raw 0.2～0.6V 的电子转移数）（b）

在 O_2 饱和的 0.1mol/L KOH 电解液中对催化剂 C-NBF-G 和 Pt/C 的耐久性进行测试，恒定电位为 0.4V，转速为 1600r/min，持续 40000s。耐久性通过比较相对电流密度衰变率来确定。图 8.11(a) 的 i-t 计时电流结果显示，C-NBF-G 的衰变率（18.5%）低于 Pt/C（49.2%），表明 C-NBF-G 具有优于 Pt/C 的耐久性。此外，进一步测试了 C-NBF-G 的抗甲醇毒化性能。图 8.11(b) 中，在加入 3mL 甲醇的 300s 后，Pt/C 表现出较大的突变，但 C-NBF-G 始终保持良好的耐受性，表明 C-NBF-G 的抗甲醇毒性高于 Pt/C。

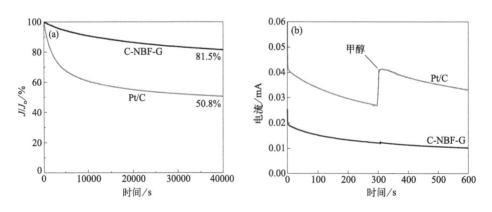

图 8.11　催化剂耐久性测试

(a) C-NBF-G 和商业的 Pt/C i-t 计时电流曲线（0.4V，O_2 饱和 0.1mol/L KOH 电解液）；

(b) 添加 3mL 甲醇 300s 后 C-NBF-G 和商业的 Pt/C i-t 计时电流曲线

在 O_2 饱和的 0.1mol/L KOH 电解液中测试了 5 种催化剂的 OER 活性。通常用在电流密度为 10mA·cm^{-2} 处实际电压（$\varphi_{j=10}$）相对于理论电压（1.23V）的过电位评估催化剂的 OER 性能（即 $\varphi_{j=10}-1.23$）。从图 8.7（c）可以看出，C-NBF-G 表现出优异的 OER 性能，过电位为 333mV，小于 Pt/C 的 571mV 和 RuO$_2$ 的 362mV。从 $\varphi_{j=10}$ 中减去 $\varphi_{1/2}$ 得到的电位差（$\Delta\varphi$）表示双功能催化剂的性能。C-NBF-G（$\Delta\varphi=739$mV）显示出比 Pt/C（$\Delta\varphi=955$mV）更小的电位差，表明其优异的双功能催化活性[图 8.8（d）和表 8.3]。

此外，利用 Tafel 图进一步分析了催化剂的反应动力学。Tafel 斜率小，意味着催化剂具有良好的电催化动力学过程。图 8.12（a）～（b）显示，C-NBF-G 和 Pt/C 的 Tafel（ORR）斜率为 80mV·dec^{-1} 和 88mV·dec^{-1}，C-NBF-G 和 RuO$_2$ 的 Tafel（OER）斜率分别为 114mV·dec^{-1} 和 160mV·dec^{-1}。上述结果表明，C-NBF-G 具有优异的动力学性能。进一步通过电化学活性面积（ECSA）对上述结论进行验证。ECSA 由双层电容（C_{dl}）计算得出。从图 8.13（e）可以看出，C-NBF-G 显示出的双层电容为 21.39mF·cm^{-2}，比 C-raw（3.34mF·cm^{-2}）、C-NBF（21.02mF·cm^{-2}）和 Pt/C（17.58mF·cm^{-2}）更大。

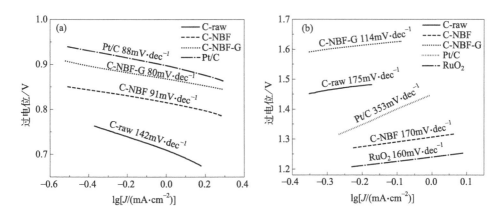

图 8.12　Tafel 曲线

（a）C-raw、C-NBF、C-NBF-G 和 Pt/C 在 1600r/min 下的 Tafel（ORR）曲线；

（b）C-raw、C-NBF、C-NBF-G、Pt/C 和 RuO$_2$ 在 1600r/min 的 Tafel（OER）曲线

C-NBF-G 展示出的优异 ORR 和 OER 特性，可能是因为：首先，高石墨

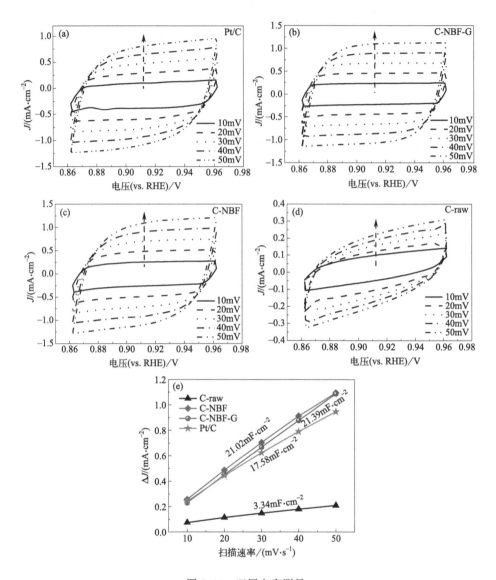

图 8.13　双层电容测量

（a）～（d）Pt/C、C-NBF-G、C-NBF 和 C-raw 在 0.862～0.962V 下的 CV 曲线；（e）各样品的 C_{dl}

化程度提高了炭材料的电子导电性。在炭化过程中，金属 Co 的参与提高了生物炭的石墨化程度，进而提高了催化剂的电子导电性，最终改善了 C-NBF-G 的 ORR 和 OER 性能。其次，大的比表面积使 C-NBF-G 能比 C-raw 和 C-NBF 提供更多的催化活性位点。再次，从豆类衍生出的分级多孔结构有利于传质

（电解质、氧气及其中间体）和提供丰富的活性位点。C-NBF-G 具有纳米级至微米级直径的特殊多孔结构。大孔和介孔可以提供传质通道，微孔支持更多活性位点，有利于 ORR 和 OER 的催化反应过程。最后，杂原子掺杂进一步促进了 ORR 和 OER 性能的提高。N（3.04）和 F（3.98）的电负性高于 C 的电负性（2.55），N 和 F 的掺杂导致与之相邻的碳原子带正电荷。而 B（2.04）的电负性小于碳原子，使其自身产生正电荷。这些带正电荷的原子促进了 ORR 反应中 H 物种的转移和 OER 反应中水分子的化学吸附。此外，与 C-NBF 相比，由于吡啶-氮和吡咯-氮通过 Co 催化转化为石墨-氮，C-NBF-G 具有更高含量的石墨-氮。C-NBF-G 表现出比 C-NBF 更高的 F 离子含量，提高了 OER 性能。总体而言，C-NBF-G 特征结构的协同作用促进了其高的 ORR 和 OER 性能。

本章小结

① 采用豆渣制备了 N、B、F 三掺杂生物遗态炭双功能催化剂。所得的 C-NBF-G 具有 $393.3 \text{m}^2 \cdot \text{g}^{-1}$ 的大比表面积、分级多孔结构、三元素掺杂以及相对较高的石墨化程度。

② 对于 ORR 反应，C-NBF-G 的 $\varphi_{起始}$ 高达 0.94V，$\varphi_{1/2}$ 为 0.824V，极限电流密度为 $5.92 \text{mA} \cdot \text{cm}^{-2}$，电子转移数接近 4，ORR 性能接近质量分数 20%Pt/C 商业催化剂。

③ 对于 OER 反应，C-NBF-G 在 $10 \text{mA} \cdot \text{cm}^{-2}$ 时表现出 333mV 的 OER 过电位和 $114 \text{mV} \cdot \text{dec}^{-1}$ 的 Tafel 斜率，性能略超过商用 RuO_2 催化剂。与 Pt/C 相比，C-NBF-G 还具有更好的耐久性和抗甲醇毒性。因此，C-NBF-G 可能是一种有光明前景的双功能催化剂。

第 9 章

生物遗态 SiC 催化应用

9.1 引言

对于生物遗态 SiC 材料的研究主要处于制备阶段,很少有它们应用研究的报道。前述实验制备的小米基 SiC,具有球形的外观,1mm 左右的颗粒直径,有从几纳米到一百多微米的分级孔结构,平均颗粒破碎强度达到 10.6N,可能成为一种优良的催化剂或载体材料。为考察小米基 SiC 的实用性,把它作为催化剂载体应用在甲烷部分氧化制合成气的反应中。

天然气主要成分为甲烷,是一种清洁、高效的燃料,也是一种非常重要的化工原料。它的加工利用受到世界各国的高度重视,在一次能源消费结构中的比例不断上升。油气工业界权威研究人士预测,天然气将成为 21 世纪的主要资源,也是化学工业的重要研究和利用对象。我国拥有比较丰富的天然气资源,但大多处于偏远地区,不易压缩、运输、储藏,从而限制了其在能源和其他领域的应用。因此,如何高效地开发和利用天然气资源,将其转化为易于运输和使用的高附加值液体产品,对我国能源结构的战略调整和西部大开发具有非常重要的现实意义。目前,天然气间接转化制取化学品是研究的重点,而起始过程天然气制合成气是最关键的部分。已研究和开发的天然气制取合成气的方法主要有:甲烷水蒸气重整、甲烷二氧化碳重整、甲烷部分氧化等[145]。

相比其他方法,甲烷部分氧化(POM)更具优势。因为它是放热反应,能耗低,反应速率快,可以在常压下操作,产物更适合作为甲醇合成和 F-T 合成的原料气。在甲烷部分氧化反应中,催化剂活性组分主要有两种:贵金属(Pt、Pd、Rh、Ru、Ir 等)和普通金属(Ni、Co、Fe)[146-150]。由于普通金属价格低廉、催化活性较高,因此受到更多的关注[151-153]。目前,Ni 和 Al_2O_3

是被研究最多的活性组分和载体[152,154,155]。然而，由于 Al_2O_3 的表面酸性很强，Ni/Al_2O_3 催化剂容易形成积炭。同时，Ni 也易和 Al_2O_3 发生反应，形成难还原的 $NiAl_2O_4$，这些都会造成催化剂在反应中的失活[155-157]。因此，Ni/Al_2O_3 催化剂在甲烷部分氧化反应中仍然存在较大的问题。孙卫中等人采用机械强度优良、热稳定性和化学稳定性高的 SiC 作为催化剂载体，将 Ni/SiC 催化剂应用在甲烷部分氧化反应中，不用预还原处理即可直接使用，显示了很好的催化活性和稳定性[146,158]。然而，研究中也发现一些问题，一个是活性组分与 SiC 之间的相互作用力较小，反应过程中活性组分易流失，导致活性下降；另一个是 SiC 不易成型，粉末状的 SiC 载体使反应床层的压力过大，不能实际应用。

研究发现，增加助剂可以增加载体与活性组分的相互作用，提高催化剂的稳定性[159]。同时，制备的小米基 SiC 本身具有球形的外貌，1mm 左右的颗粒直径，无论实验室还是工业化生产都可以直接应用，而本身独有的孔结构更使它有可能成为一种优良的催化剂载体材料。

在本章中，以小米基 SiC 作为催化剂载体应用在甲烷部分氧化反应中，为减少反应过程中活性组分的流失，以 Al_2O_3 对 bioSiC 的表面进行修饰，制备成 $Ni/bioSiC-Al_2O_3$，考察加入助剂对催化剂活性的影响。同时在不同的空速下考察 $Ni/bioSiC-Al_2O_3$ 与以 SiC 粉末为载体的 $Ni/SiC-Al_2O_3$ 催化剂的催化性能，讨论小米基 SiC 作为催化剂载体的优越性。

9.2　催化性能分析

9.2.1　Al_2O_3 助剂对催化剂性能的影响

为考察 Al_2O_3 助剂对催化剂性能的影响，以浸渍法制备了 Ni/bioSiC 和 $Ni/bioSiC-Al_2O_3$ 催化剂，制备出的 Ni/bioSiC 催化剂比表面积为 $30m^2/g$，由于 SiC 表面被 Al_2O_3 修饰，$Ni/bioSiC-Al_2O_3$ 催化剂比表面积比 Ni/bioSiC 催化剂高，达到 $41m^2/g$。

（1）新鲜催化剂的 XRD 表征

以 XRD 技术对两种新鲜的催化剂进行物相表征，如图 9.1 所示。图中 a 线是 $Ni/bioSiC-Al_2O_3$ 催化剂的谱图，可以看出，谱图中没有 Al_2O_3 的衍射峰，说明作为助剂的 Al_2O_3 均匀地分散在 bioSiC 的表面。另外，从图中还可以看出，由于未进行预还原处理，两种催化剂的活性组分是 NiO。通过测量半峰宽，利用谢乐公式计算两种催化剂 NiO 颗粒（012）晶面的颗粒尺寸，经计算，Ni/bioSiC-Al$_2$O$_3$ 催化剂 NiO 颗粒尺寸为 21.0nm，而 Ni/bioSiC 催化剂的为 22.8nm，也就是说，Ni/bioSiC-Al$_2$O$_3$ 催化剂 NiO 颗粒比 Ni/bioSiC 的略小，这是因为 Al$_2$O$_3$ 对 bioSiC 表面的修饰，也增加了活性组分 NiO 在载体表面的分散度，粒子不易聚集，所以 NiO 的颗粒尺寸略小。

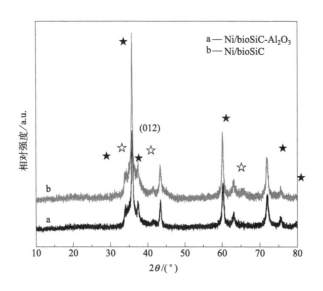

图 9.1　两种催化剂的 XRD 谱图（★SiC；☆NiO）

（2）两种催化剂的催化活性

在固定床石英反应器中 800℃下测定两种催化剂在甲烷部分氧化反应中的催化活性，测试结果如图 9.2 所示。从图中可以看出，两种催化剂都有很高的催化活性，而 Ni/bioSiC-Al$_2$O$_3$ 催化剂比 Ni/bioSiC 有更高的催化活性和稳定性。Ni/bioSiC-Al$_2$O$_3$ 催化剂的初始甲烷转化率为 96％，而 Ni/bioSiC 催化剂为 92％，这是由于通过 Al$_2$O$_3$ 的修饰，载体表面积增大，同时活性组分的颗粒尺寸变小，催化剂活性提高，因此 Ni/bioSiC-Al$_2$O$_3$ 催化剂的初始甲烷转化率高。进一步分析，经 200h 的反应，Ni/bioSiC-Al$_2$O$_3$ 催化剂的甲烷转化率保持在 96％不变，说明催化剂有很好的稳定性。反观 Ni/bioSiC 催化剂，反应时间超过 50h，甲烷的转化率即开始缓慢下降，到 200h 反应结束，甲烷转化率由最初的 92％降为 88％。明显地，经 Al$_2$O$_3$ 修饰的催化剂有更好的稳定性。为考察 Al$_2$O$_3$ 的作用，对催化剂进行下面一系列的表征。

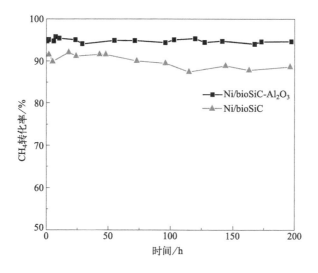

图 9.2　两种催化剂的催化活性

（3）TPR 和 ICP 分析

前面已经提到，加入 Al_2O_3 助剂修饰 bioSiC 表面的目的是增强载体与活性组分的相互作用力，减少反应过程中活性组分的流失。为考察载体和活性组分的相互作用是否增强，对新鲜催化剂进行 TPR 分析。图 9.3 是两种催化剂的 TPR 图，从图中可以看出，Ni/bioSiC 催化剂中 NiO 的还原温度在 $280\sim350℃$，甚至小于单纯 NiO 团簇的 $360℃$ 的还原温度，这主要是因为分散在 bioSiC 上 NiO 颗粒尺寸较小，仅有 23nm，导致还原温度降低，也说明 NiO 与 bioSiC 之间的相互作用力非常小。当 bioSiC 被 Al_2O_3 助剂修饰以后，Ni/bioSiC-Al_2O_3 催化剂显示了一个更宽的还原温度区间，从图中可以看出，Ni/bioSiC-Al_2O_3 催化剂的 NiO 起始还原温度与 Ni/bioSiC 相似，但它的结束温度在 $800℃$ 左右，提高明显，说明 Al_2O_3 确实增强了活性组分与载体间的相互作用力。从图中的多峰分布也可以看出，活性组分与载体之间存在不同的结合方式。一般说来，提高活性组分与载体之间的相互作用力，可以减少活性组分在反应过程中的流失，在这里，以 ICP 技术对新鲜和用过的催化剂进行分析，表征催化剂使用前后 Ni 的含量，考察两种催化剂活性组分的流失情况。经分析，反应 200h 后，Ni/bioSiC 催化剂 Ni 流失为 21%，而 Ni/bioSiC-Al_2O_3 催化剂 Ni 流失仅为 12%。因此，Al_2O_3 助剂增强了活性组分与载体之间的相互作用力，减少 Ni 流失，使催化剂的稳定性增强。

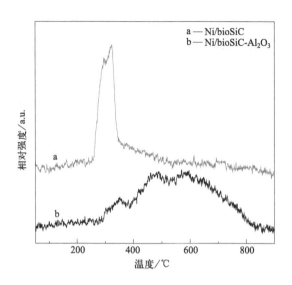

图 9.3　两种催化剂的 TPR 分析曲线

（4）使用后催化剂的 XRD 表征

为进一步调查 Al_2O_3 助剂的影响，对两种使用过的催化剂进行 XRD 表征，如图 9.4 所示。可以看出，反应后两种催化剂中的 NiO 都变为 Ni，说明在反应过程中 NiO 被还原为 Ni，而 Ni 才是真正的活性组分。在 $2\theta = 26.7°$（$d = 3.335Å$）处出现一个衍射峰，这个峰是由反应过程中的积炭引起的，产生的积炭将 Ni 颗粒包裹，阻止了 Ni 被氧化为 NiO。利用谢乐公式，对两种使用过的催化剂中金属 Ni（111）晶面的颗粒尺寸进行计算，$Ni/bioSiC-Al_2O_3$ 催化剂的 Ni 颗粒尺寸为 29.7nm，而 Ni/bioSiC 催化剂的为 47.2nm，显而易见，未被修饰的催化剂表面上的 Ni 更易团聚长大。

在催化剂的制备过程中，通过浸渍法将活性组分分散在载体的表面，经过焙烧，活性组分通常形成一些小颗粒，成为反应中的活性位。对未被修饰的 bioSiC 载体，由于活性组分与载体的相互作用小，形成的小颗粒容易迁移、团聚，使颗粒逐渐长大，在长时间的反应后，引起催化剂活性的降低。而对于 $Ni/bioSiC-Al_2O_3$ 催化剂，活性组分与载体相互作用力增强，Ni 颗粒在载体的表面不易迁移、长大，因此 $Ni/bioSiC-Al_2O_3$ 催化剂比 Ni/bioSiC 催化剂有更好的稳定性。

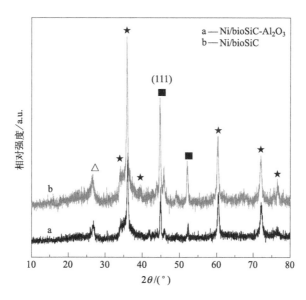

图 9.4　两种使用过的催化剂的 XRD 谱图（★SiC；■Ni；△碳）

9.2.2　Ni/bioSiC-Al₂O₃ 和 Ni/SiC-Al₂O₃ 催化剂在不同空速下催化性能的比较

以小米微观结构的 SiC 为载体制备的催化剂具有发达的孔隙和分级孔结构，为天然的扩散-反应系统，结构优势明显。同时外观呈球形，颗粒直径为 1mm，可以避免 SiC 粉末作载体时的床层压力增大、堵塞床层等问题，而且工业使用无成型过程。为考察具有小米微观结构的 SiC 作为载体的优势，分别以 bioSiC 和 SiC 粉末制备了球形 Ni/bioSiC-Al₂O₃ 和粉末状 Ni/SiC-Al₂O₃（比表面积为 52.7m²/g）两种催化剂，并在不同空速下考察它们的催化活性。

图 9.5 是两种催化剂在不同空速下的甲烷转化率。从图中可以看出，在空速为 7500h⁻¹ 时，两种催化剂的甲烷转化率基本相同，说明低空速下，由于反应气流量较小，两种催化剂都能较好地将甲烷转化为 CO 和 H₂。而随着空速增加，两种催化剂的催化活性出现了较大差异。通常情况下，空速增加，反应体系的流量增加，催化剂的活性相应降低。在反应过程中，随着空速的增加，Ni/bioSiC-Al₂O₃ 催化剂的活性比 Ni/SiC-Al₂O₃ 催化剂的活性降低缓慢。当空速增加到 20000h⁻¹ 时，Ni/bioSiC-Al₂O₃ 催化剂的甲烷转化率为 88%，而 Ni/SiC-Al₂O₃ 催化剂为 84%，显而易见，Ni/bioSiC-Al₂O₃ 催化剂在高空

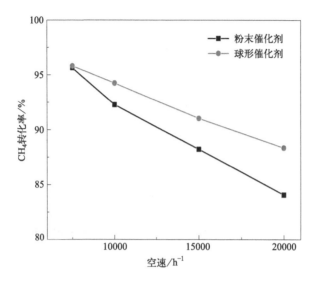

图 9.5　两种催化剂在不同空速下的甲烷转化率

速下具有更高的催化活性，多级分布的孔结构优势得以展现。另外，监测了两种催化剂在不同空速下的床层压降。当空速由 $7500h^{-1}$ 增加到 $20000h^{-1}$，Ni/SiC-Al$_2$O$_3$ 催化剂的床层压降从 0.2atm（1atm = 101325Pa）增加到 0.6atm，而 Ni/bioSiC-Al$_2$O$_3$ 催化剂的床层压降几乎没变，保持在 0.1atm 左右。这也体现出小米基 SiC 作为载体的另一个优势，颗粒尺寸接近工业催化剂，可以被直接应用，而无需成型过程。

9.2.3　反应前后催化剂的 SEM 表征

如前所述，bioSiC 作为催化剂载体的最大优势在于它的孔结构，因此，在反应过程中催化剂孔结构是否能够保持是非常关键的。以 SEM 技术对反应前后催化剂的微观结构进行表征，如图 9.6 所示，无论 Ni/bioSiC-Al$_2$O$_3$ 催化剂还是 Ni/bioSiC 催化剂，反应前后的微观形貌都呈蜂窝状结构，没有发生较大变化，说明反应过程中两种催化剂具有优良的力学性能，微观结构能够保持。同时，对两种新鲜催化剂内部随机选点进行 EDX 能谱分析，图 9.6(e) 显示，在 Ni/bioSiC 催化剂内随机选择的点由 C、Si、Ni 和 O 四种元素组成，而 Ni/bioSiC-Al$_2$O$_3$ 催化剂内的点则是由 C、Si、Ni、O 和 Al 组成的[图 9.6 (f)]，说明 NiO 和 Al$_2$O$_3$ 都进入了催化剂的内部。

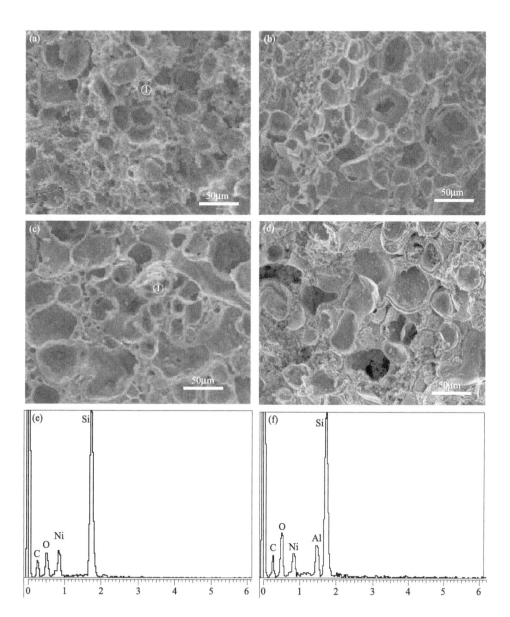

图 9.6 Ni/bioSiC 和 Ni/bioSiC-Al$_2$O$_3$ 催化剂反应前后的 SEM 分析

（a）和（b）反应前后的 Ni/bioSiC 催化剂的形貌；（c）和（d）反应前后的
Ni/bioSiC-Al$_2$O$_3$ 催化剂的形貌；（e）和（f）（a）与（c）内圆圈所标面积的 EDX 分析

本章小结

① 以小米基 SiC 为载体制备 Ni 基催化剂，应用在甲烷部分氧化反应中，具有很高的催化活性。

② Al$_2$O$_3$ 对 bioSiC 的修饰可以增强活性组分和载体之间的相互作用力，使活性组分不易迁移、长大和流失，提高催化剂的活性和稳定性。

③ 在高空速下，以小米基 SiC 为载体的催化剂比粉末 SiC 为载体的催化剂催化活性高，说明小米基 SiC 的孔结构在催化领域有巨大的优势。

④ 反应前后，催化剂的微观结构未发生变化，小米基 SiC 有优良的机械强度。

第 10 章

展　望

生物质是地球上最丰富和可再生的自然资源，由其衍生而来的生物遗态材料因其特殊的结构、环境友好和可控调节的物理化学特性而在不同的领域表现出优异的性能，更被认为是能量存储设备的下一代电极材料。因此，深入研究不同生物质向生物遗态材料的转化过程，揭示转化规律，阐明结构性能调控的影响因素，制备出适宜于不同领域应用的生物遗态材料，具有非常重要的意义。

前面介绍了生物遗态炭材料和生物遗态 SiC 材料的制备方法和在不同领域的应用。讨论了转化工艺条件对炭材料形貌结构的影响，以及不同制备方法对生物遗态 SiC 材料对形貌结构保持的影响。研究了生物遗态炭材料在钾离子电池负极、超级电容器电极、电催化电极等方面的应用，以及生物遗态 SiC 材料作为催化剂载体在甲烷部分氧化制合成气反应中的应用。制备的生物遗态炭基材料在各领域都展现出优异的性能和广阔的应用前景。

虽然天然生物结构具有许多独特优势，但生物遗态炭基材料的应用还是面临着一系列的挑战：

(1) 生物质资源及结构的多样性，需对其进行大量而深入的基础研究。世界上生物质种类繁多，外观形貌和内部微观结构也千差万别，不同的生物遗态结构适用的应用领域也不相同。需要针对不同的应用领域，深入研究生物遗态结构与性能之间的内在联系，建立构效关系模型，优选适合该领域的最佳生物遗态材料。

(2) 生物遗态结构的不均匀性。理想的分级结构材料应该具有均匀分布或分布呈现规律性的孔结构。对于生物质来说，生物材料种类、内部组织结构、材料表层以及大的输运管道等方面的个体差异性造成了其孔结构的不均匀性，这些不均匀性会导致最终制备的遗态材料制品质量一致性差，使得性能不稳定。因此，如何在最终材料中完整保留生物体的固有结构，以及对生物遗态结构进一步进行精细化的构造与修饰，是该领域需要进一步研究的课题。

（3）生物遗态炭基材料的大规模制备技术还需要进一步完善。生物模板法制备材料的技术还处于初步阶段，遗态结构材料的制备产率低、周期长、成本高，尤其是模板的处理及渗透过程对设备的要求高，其具体的机理还有待进一步的完善研究。另外，炭模板制备以及后期转化过程中其优异的形貌结构容易被破坏或者坍塌，如小米在转化过程中表面龟裂，焦油造成的样品颗粒粘连，炭模板不能完全转化为 SiC 造成结构破坏和机械强度下降等。如何利用遗态材料本身所含的化学矿物组成，深入研究一种简单且绿色的制备过程，制备出具有精细化结构的遗态材料，以实现低成本和环境友好，也是今后需要进一步研究的课题。

（4）生物遗态炭基材料的结构和表面化学应合理调控。生物遗态炭基材料的比表面积一般不高，研究报道的高比表面积通常来自化学活化，产生大量的微孔。当过度追求大比表面积时，炭材料的密度就会大幅降低，在很多领域（如储能）难以实现产业化，甚至会造成多孔结构的崩塌，反而丧失其特殊结构的优势。同时，生物遗态炭材料被应用在储能或者催化领域时，其表面性质对性能起着至关重要的作用。如将生物遗态炭用作锂（钠/钾）离子电池负极、超级电容器电极或者电催化剂时，表面缺陷会造成更多的活性位点，提高电池负极或者催化剂的性能。通常情况下，通过杂原子（如 N、S、P、B、F 等）的掺杂来提高表面缺陷，这些杂原子与 C 原子有不同的电负性和原子尺寸，从而引起电子结构的改变。然而，某些杂原子可能会降低炭材料的电导率。因此，合理的调控生物遗态炭基材料的微观结构和表面性质至关重要。

（5）扩展其应用领域。目前，生物遗态炭材料已经在储能、医药、生物医学等领域得到开发和应用，例如，具有一维纤维结构的源自生物质的炭材料可以组装到衣服中以制成可穿戴电极。具有二维层状结构的生物遗态炭材料易于制造用于柔性电极的薄膜。具有 3D 骨架结构的生物遗态炭材料可以加载高电化学性能的材料制成单片电极。此外，生物遗态炭材料也已在其他领域得到开发，例如锂硫电池、燃料电池、电催化、生物医学、传感器设备。能否将生物遗态炭基材料与其他学科相互结合，创新开发全新的机理和技术，在未来研发出性能更加优异、用途广泛的生物遗态材料，对进一步拓展其应用领域具有重要的意义。

　　总之，通过深入的基础研究，充分利用生物质的结构多样性，平衡材料结构、性能、制备工艺和设备之间的矛盾问题，以高性能生物遗态炭基材料及器件的开发和设计作为指导，实现生物遗态炭基材料的可持续发展。当越来越多的研究人员致力于寻找生物遗态炭基材料时，我们坚信下一代生物质衍生的炭基材料将带来更多令人兴奋的结果。

参考文献

[1] 刘荣章，曾玉荣，翁志辉，等．我国生物质能源开发技术与策略．中国农业科技导报，2006，8 (4): 40-45.

[2] 刘笑然．我国生物燃料及原料发展前景分析．中国粮食经济，2006，9: 22-24.

[3] Sheintuch M. On the intermediate asymptote of diffusion-limited reactions in a fractal porous catalyst. Chem. Eng. Sci. , 2000, 55: 615-624.

[4] Gavrilov C, Sheintuch M. Reaction rates in fractal vs. uniform catalysts with linear and nonlinear kinetics. AIChE J. , 1997, 43(7): 1691-1699.

[5] Wang L W, Ok Y S, Tsang D C W, et al. New trends in biochar pyrolysis and modification strategies: feedstock, pyrolysis conditions, sustainability concerns and implications for soil amendment. Soil Use Manage, 2020, 36: 358-386.

[6] Greil P. Biomorphous ceramics from lignocellulosics. J. Eur. Ceram. Soc. , 2001, 21: 105-118.

[7] Sieber H, Hoffmann C, Kaindl A, et al. Biomorphic cellular ceramics. Adv. Eng. Mater. , 2000, 2 (3): 105-109.

[8] Sieber H. Biomimetic synthesis of ceramics and ceramic composites. Mater. Sci. Eng. A, 2005, 412: 43-47.

[9] 杨涵松，朱永长，李慕琴，等．多孔陶瓷材料的现状与进展．佳木斯大学学报，2005，23(1): 88-91.

[10] 王圣威，金宗哲，黄丽蓉．多孔陶瓷材料的制备及应用研究进展．硅酸盐通报，2006，25(4): 124-129.

[11] 钱军民，崔凯，艾好，等．多孔陶瓷制备技术研究进展．兵器材料科学与工程，2005，28(5): 60-64.

[12] Cao J, Rambo C R, Sieber H. Manufacturing of microcellular, biomorphous oxide ceramics from native pine wood. Ceram. Int. , 2004, 30: 1967-1970.

[13] Rambo C R, Cao J, Rusina O, et al. Manufacturing of biomorphic (Si, Ti, Zr)-carbide ceramics by sol-gel processing. Carbon, 2005, 43: 1174-1183.

[14] Streitwieser D A, Popovska N, Gerhard H, et al. Application of chemical vapor infiltration and reaction (CVI-R) technique for the preparation of high porous biomorphic SiC ceramics derived from paper. J. Eur. Ceram. Soc. , 2005, 6: 817-828.

[15] Qian J M, Jin Z H, Wang X W. Porous SiC ceramics fabricated by reactive infiltration of gaseous silicon into charcoal. Ceram. Int. , 2004, 30: 947-951.

[16] Dong Q, Su H L, Zhang D, et al. Biotemplate-directed assembly of porous SnO_2 nanoparticles into tubular hierarchical structures. Scripta Mater. , 2006, 55: 799-802.

[17] Rambo C R, Muller F A, Muller L, et al. Biomimetic apatite coating on biomorphous alumina

scaffolds. Mater. Sci. Eng. C, 2006, 26: 92-99.

[18] Davis S A, Burkett S L, Mendelson N H, et al. Bacterial templating of ordered macrostructures in silica and silica-surfactant mesophases. Nature, 1997, 385: 420-423.

[19] Xu G Y, Han J P, Ding B, et al. Biomass-derived porous carbon materials with sulfur and nitrogen dual-doping for energy storage. Green Chem. , 2015, 17:1668.

[20] Xu C, Stromme M. Sustainable porous carbon materials derived from wood-based biopolymers for CO_2 capture. Nanomaterials, 2019, 9:103.

[21] Liu Y N, Zhang J N, Wang H T, et al. Boosting the electrochemical performance of carbon cloth negative electrodes by constructing hierarchically porous nitrogen-doped carbon nanofiber layers for all-solid-state asymmetric supercapacitors. Mater. Chem. Front. , 2019, 3: 25-31.

[22] Zhang B J, Davis S A, Mendelson N H, et al. Bacterial templating of zeolite fibers with hierarchical structure. Chem. Commun. ,2000: 781-782.

[23] Fowler C E, Shenton W, Stubbs G, et al. Tobacco mosaic virus liquid crystals as templates for the interior design of silica mesophases and nanoparticles. Adv. Mater. , 2001, 13(16): 1266-1269.

[24] Shenton W, Douglas T, Young M. Inorganic-organic nanotube composites from template mineralization of tobacco mosaic virus. Adv. Mater. , 1999,11: 253-256.

[25] Douglas T, Young M. Virus particles as templates for materials synthesis. Adv. Mater. , 1999, 11 (8):679-681.

[26] Lee S W, Lee S K, Belcher A M. Virus-based alignment of inorganic, organic, and biological nanosized materials. Adv. Mater. , 2003,15(9): 689-692.

[27] Li Z, Chung S W, Nam J M, et al. Living templates for the hierarchical assembly of gold nanoparticles. Angew. Chem. Int. Ed. , 2003, 42: 2306-2309.

[28] Dujardin E, Peet C, Stubbs G, et al. Organization of metallic nanoparticles using tobacco mosaic virus templates. Nano Lett. , 2003, 3(3): 413-417.

[29] Douglas T, Young M. Host-guest encapsulation of materials by assembled virus protein cages. Nature, 1998, 393: 152-155.

[30] Anderson M W, Holmes S M, Harnif N, et al. Hierartchical pore structures through diatom zeolitization. Angew. Chem. Int. Ed. , 2000, 39(15): 2707-2710.

[31] Ogasawara W, Shenton W, Davis S A, et al. Template mineralization of ordered macroporous chitin-silica composites using cuttlebone-derived organic matrix. Chem. Mater. , 2000, 12: 2835-2837.

[32] Mayes E L, Vollrath F, Mann S. Fabrication of magnetic spider silk and other silk-fiber composites using inorganic nanoparticles. Adv. Mater. , 1998, 10(10): 801-805.

[33] Huang L M, Wang H T, Hayashi C Y, et al. Single-strand spider silk templating for the formation of hierarchically ordered hollow mesoporous silica fibers. J. Mater. Chem. , 2003, 13: 666-668.

[34] Zhang W, Zhang D, Fan T X, et al. Novel photoanode structure templated from butterfly wing scales. Chem. Mater. , 2009, 21: 33-40.

[35] Qian J M, Wang J P, Qiao G J, et al. Preparation of porous SiC ceramic with a woodlike micro-

structure by sol-gel and carbothermal reduction processing. J. Eur. Ceram. Soc. , 2004, 24: 3251-3259.

[36] Qian J M, Wang J P, Jin Z H. Preparation of biomorphic SiC ceramic by carbothermal reduction of oak wood charcoal. Mater. Sci. Eng. A, 2004, 371: 229-235.

[37] Hall S R, Bolger H, Mann S. Morphosynthesis of complex inorganic forms using pollen grain. Chem. Commum. , 2003: 2784-2785.

[38] Streitwieser D A, Popovska N, Gerhard N H. Optimization of the ceramization process for the production of three-dimensional biomorphic porous SiC ceramics by chemical vapor infiltration (CVI). J. Eur. Ceram. Soc. , 2006, 26(12):2381-2387.

[39] Patel M, Padhi B K. Production of alumina fibre through jute fibre substrate. J. Mater. Sci. , 1990, 25: 1335-1343.

[40] Patel M, Padhi B K. Titania fibres through jute fibre substrates. J. Mater. Sci. Lett. , 1993, 12: 1234-1235.

[41] Shin Y, Wang C M, Samuels W D, et al. Synthesis of SiC nanorods from bleached wood pulp. Mater. Lett. , 2007, 61: 2814-2817.

[42] Zhang B J, Davis S A, Mann S. Starch gel templating of spongelike macroporous silicalite mono-liths and mesoporous films. Chem. Mater. , 2002, 14: 1369-1375.

[43] Cook G, Timms P L, Goltner-Spickermann C. Exact replication of biological structures by chemi-cal vapor deposition of silica. Angew. Chem. Int. Ed. , 2003, 42(5): 557-559.

[44] Dong A G, Wang Y J, Tang Y, et al. Zeolitic tissue through wood cell templating. Adv. Mater. , 2002, 14(12): 926-929.

[45] Zollfrank C, Kladny R, Sieber H, et al. Biomorphous SiOC/C-ceramic composites from chemical-ly modified wood templates. J. Eur. Ceram. Soc. , 2004, 24: 479-487.

[46] Mora F G, Goretta K C, Varela-Feria F M, et al. Indentation hardness of biomorphic SiC. Int. J. Refractory Metals & Hard Mater. , 2005, 23: 369-374.

[47] Rambo C R, Cao J, Sieber H. Preparation and properties of highly porous, biomorphic YSZ ce-ramics. Mater. Chem. Phys. , 2004, 87: 345-352.

[48] Shin Y, Wang C M, Exarhos G J. Synthesis of SiC ceramics by the carbothermal reduction of min-eralized wood with silica. Adv. Mater. , 2005, 17(1): 73-77.

[49] 钱军民, 王继平, 金志浩. 液相渗入-反应法制备木材结构 SiC 的研究. 稀有金属材料与工程, 2004, 33 (10): 1065-1068.

[50] Qiao G J, Ma R, Cai N, et al. Microstructure transmissibility in preparing SiC ceramics from nat-ural wood. J. Mater. Proc. Tech. , 2002, 120: 107-110.

[51] Zollfrank C, Sieber H. Microstructure and phase morphology of derived biomorphous SiSiC-ceram-ics. J. Eur. Ceram. Soc. , 2004; 24: 495-506.

[52] Qiao G J, Ma R, Cai N, et al. Mechanical properties and microstructure of Si/SiC materials de-rived from native wood. Mater. Sci. Eng. A, 2002, 323: 301-305.

[53] Mallick D, Chakrabarti O P, Maiti H S, et al. Si/SiC ceramics from wood of Indian dicotyledon-ous mango tree. Ceram. Int. , 2007, 33: 1217-1222.

［54］ Qian J M, Wang J P, Jin Z H. Preparation and properties of porous microcellular SiC ceramics by reactive infiltration of Si vapor into carbonized basswood. Mater. Chem. Phys. , 2003, 82: 648-653.

［55］ Kim J W, Myoung S W, Kim H C, et al. Synthesis of SiC microtubes with radial morphology using biomorphic carbon template. Mater. Sci. Eng. A, 2006, 434:171-177.

［56］ 钱军民, 王继平, 金志浩. 由椴木木粉和酚醛树脂制备木材陶瓷的研究. 无机材料学报, 2004, 19（2）: 335-341.

［57］ 钱军民, 王晓文, 金志浩. 气相硅反应性渗入法制备橡木结构 SiC 陶瓷. 硅酸盐学报, 2004, 32（12）: 1455-1458.

［58］ 钱军民, 王晓文, 金志浩. 气相硅反应性渗入法制备多孔 SiC 的研究. 硅酸盐学报, 2004, 32（4）: 497-501.

［59］ 钱军民, 金志浩. 木材陶瓷制备多孔 SiC 的研究. 西安交通大学学报, 2004, 38（1）: 93-96.

［60］ 蔡宁, 马荣, 乔冠军, 等. 木材陶瓷化反应机理的研究. 无机材料学报, 2001, 16（4）: 763-768.

［61］ 钱军民, 王继平, 金志浩. 木材陶瓷和 Si 粉原位反应烧结制备多孔 SiC 的研究. 硅酸盐学报, 2004, 31（7）: 635-640.

［62］ 钱军民, 金志浩. 生物形态 SiC 陶瓷的研究. 陶瓷科学与艺术, 2003, 6: 9-15.

［63］ Greil P, Vogli E, Fey T, et al. Effect of microstructure on the fracture behavior of biomorphous silicon carbide ceramics. J. Eur. Ceram. Soc. , 2002, 22: 2697-2707.

［64］ Singh M, Yee B M. Reactive processing of environmentally conscious, biomorphic ceramics from natural wood precursors. J. Eur. Ceram. Soc. , 2004; 24: 209-217.

［65］ Shin Y, Liu J, Chang J H, et al. Hierarchically ordered ceramics through surfactant-templated sol-gel mineralization of biological cellular structures. Adv. Mater. , 2001, 13(10): 728-732.

［66］ Hofenauer A, Treusch O, Troger F, et al. Dense reaction infiltrated silicon silicon carbide ceramics derived from wood-based composites. Adv. Eng. Mater. , 2003, 5(11): 794-799.

［67］ Pancholi V, Mallick D, AppaRaoc C, et al. Microstructural characterization using orientation imaging microscopy of cellular Si/SiC ceramics synthesized by replication of Indian dicotyledonous plants. J. Eur. Ceram. Soc. , 2007, 27(1): 367-376.

［68］ Mizutani M, Takase H, Adachi N, et al. Porous ceramics prepared by mimicking silicified wood. Sci. Tech. Adv. Mater. , 2005, 6: 76-78.

［69］ Qian J M, Wang J P, Hou G Y, et al. Preparation and characterization of biomorphic SiC hollow fibers from wood by chemical vapor infiltration. Scripta Mater. , 2005, 53: 1363-1368.

［70］ Pavon J M C, Alonso E V, Cordero M T S, et al. Use of spectroscopic techniques for the chemical analysis of biomorphic silicon carbide ceramics. Analytica Chimica Acta, 2005, 528: 129-134.

［71］ Greil P, Lifka T, Kaindl A. Biomorphic cellular silicon carbide ceramics from wood: 1. processing and microstructure. J. Eur. Ceram. Soc. , 1998,18: 1961-1973.

［72］ Qian J M, Jin Z H. Preparation and characterization of porous, biomorphic SiC ceramic with hybrid pore structure. J. Eur. Ceram. Soc. , 2006, 26(8): 1311-1316.

［73］ Qian J M, Wang J P, Jin Z H, et al. Preparation of macroporous SiC from Si and wood powder using infiltration-reaction process. Mater. Sci. Eng. A, 2003, 358: 304-309.

[74] Singh M, Marttinez-Fernandez J, Arellano-Lopez A R. Environmentally conscious ceramics (eco-ceramics) from natural wood precursors. Current Opinion in Solid State and Materials Science, 2003, 7: 247-254.

[75] Hoppea R H W, Petrova S I. Optimal shape design in biomimetics based on homogenization and adaptivity. Mathematics Comput. Simul. , 2004, 65:257-272.

[76] Esposito L, Sciti D, Piancastelli A, et al. Microstructure and properties of porous β-SiC templated from soft woods. J. Eur. Ceram. Soc. , 2004, 24: 533-540.

[77] Vogli E, Sieber H, Greil P. Biomorphic SiC-ceramic prepared by Si-vapor phase infiltration of wood. J. Eur. Ceram. Soc. , 2002, 22: 2663-2668.

[78] Sieber H, Zollfrank C, Popovska N, et al. Gas phase processing of porous, biomorphous TiC-ceramics. Key Eng. Mater. , 2004, 264-268: 2227-2230.

[79] Ota T, Imaeda M, Takase H, et al. Porous titania ceramic prepared by mimicking silicified wood. J. Am. Ceram. Soc. , 2000, 83(6): 1521-1523.

[80] Ghanem H, Kormann M, Gerhard H, et al. Processing of biomorphic porous TiO_2 ceramics by chemical vapor infiltration and reaction (CVI-R) technique. J. Eur. Ceram. Soc. , 2007, 27: 3433-3438.

[81] Dong Q, Su H L, Cao W, et al. Synthesis and characterizations of hierarchical biomorphic titania oxide by a bio-inspired bottom-up assembly solution technique. J. Solid State Chem. , 2007,180: 949-955.

[82] Fan T X, Li X F, Ding J, et al. Synthesis of biomorphic Al_2O_3 based on natural plant templates and assembly of Ag nanoparticles controlled within the nanopores. Microporous Mesoporous Mater. , 2008, 108: 204-212.

[83] Luo M, Gao J Q, Zhang X, et al. Processing of porous TiN/C ceramics from biological templates. Mater. Lett. , 2007, 61(1): 186-188.

[84] 姚敦义. 植物学导论. 北京: 高等教育出版社, 2002.

[85] 胡宝忠. 植物学. 北京: 中国农业出版社, 2002.

[86] Hou G Y, Jin Z H, Qian J M. Effect of starting Si contents on the properties and structure of biomorphic SiC ceramics. J. Mater. Proc. Tech. , 2007, 182: 34-38.

[87] Hou G Y, Jin Z H, Qian J M. Effect of holding time on the basic properties of biomorphic SiC ceramic derived from beech wood. Mater. Sci. Eng. A, 2007, 452-453(15): 278-283.

[88] Ghanem H, Popovska N, Gerhard H. Processing of biomorphic Si_3N_4 ceramics by CVI-R technique with $SiCl_4/H_2/N_2$ system. J. Eur. Ceram. Soc. , 2007, 27:2119-2215

[89] Fan T X, Sun B H, Gu J J, et al. Biomorphic Al_2O_3 fibers synthesized using cotton as bio-templates. Scripta Materialia, 2005, 53: 893-897.

[90] Sun B H, Fan T X, Xu J Q, et al. Biomorphic synthesis of SnO_2 microtubules on cotton fibers. Mater. Lett. , 2005,59: 2325 - 2328.

[91] Dong Q, Su H L, Zhang C F, et al. Fabrication of hierarchical ZnO films with interwoven porous conformations by a bioinspired templating technique. Chem. Eng. J. , 2008,137 (2): 428-435.

［92］ Dong Q, Su H L, Xu J Q, et al. Synthesis of biomorphic ZnO interwoven microfibers using egg-shell membrane as the biotemplate. Mater. Lett. , 2007, 61: 2714-2717.

［93］ Dong Q, Su H L, Zhang D, et al. Synthesis of hierarchical mesoporous titania with interwoven networks by eggshell membrane directed sol-gel technique. Microporous Mesoporous Mater. , 2007,98: 344-351.

［94］ Dong Q, Su H L, Liu Z T, et al. Influence of hierarchical nanostructures on the gas sensing properties of SnO_2 biomorphic films. Sensors Actuators B, 2007, 123: 420-428.

［95］ Al-Wabel M I, Usman A R A, Abdullah S, et al. Date palm waste biochars alter a soil respiration, microbial biomass carbon, and heavy metal mobility in contaminated mined soil. Environ. Geochem. Health, 2019, 41:1705-1722.

［96］ Gonzalez P, Serra J, Liste S, et al. New biomorphic SiC ceramics coated with bioactive glass for biomedical applications. Biomaterials, 2003, 24: 4827-4832.

［97］ Borrajo J P,Gonzalez P, Liste S, et al. The role of the thickness and the substrate on the in vitro bioactivity of silica-based glass coatings. Mater. Sci. Eng. A, 2005, 25(2): 187-193.

［98］ 胡晓辉. 以植物为模板生物遗态金属氧化物的制备及吸附性能研究. 秦皇岛: 燕山大学, 2017.

［99］ Zhao R, Yong Y, Pan M, et al. Aldehyde-containing nanofibers electrospun from biomass vanillin-derived polymer and their application as adsorbent. Separation and Purification Technology, 2020, 246: 116916.

［100］ Wu X Y, Li S M, Wang B, et al. Free-standing 3D network-like cathode based on biomass-derived N-doped carbon/graphene/g-C_3N_4 hybrid ultrathin sheets as sulfur host for high-rate Li-S battery. Renewable Energy, 2020, 158: 509-519.

［101］ Gong Y N, Li D L, Luo C Z, et al. Highly porous graphitic biomass carbon as advanced electrode materials for supercapacitors. Green Chem. , 2017, 19:4132-4140.

［102］ Fu F B, Yang D J, Zhang W L, et al. Green self-assembly synthesis of porous lignin-derived carbon quasi-nanosheets for high-performance supercapacitors. Chemical Engineering Journal, 2020, 392: 123721.

［103］ Zhang W, Zhang D, Fan T X, et al. Novel photoanode structure templated from butterfly wing scales. Chem. Mater. , 2009, 21: 33-40.

［104］ 陈巍. 生物质基催化剂的制备及其催化性能研究. 广州: 华南理工大学, 2015.

［105］ Ye S J, Zeng G M, Tan X F, et al. Nitrogen-doped biochar fiber with graphitization from Boehmeria nivea for promoted peroxymonosulfate activation and non-radical degradation pathways with enhancing electron transfer. Applied Catalysis B: Environmental, 2020, 269: 118850.

［106］ 刘欢. 生物质炭模板法可控制备钴基复合材料及气敏性能研究. 哈尔滨: 黑龙江大学, 2018.

［107］ Jian Z L, Hwang S, Li Z F, et al. Hard-soft composite carbon as a long-cycling and high-rate anode for potassium-ion batteries. Advanced Functional Materials, 2017, 27(26): 1700324.

［108］ Mandelbrot B B. Fractals: form, chance, and dimension. W. H. Freeman Company, 1977.

［109］ Kaye B H. 分形漫步. 徐新阳, 等译. 1版. 沈阳: 东北大学出版社, 1994.

［110］ 陈颙, 陈凌. 分形几何学. 2版. 北京: 地震出版社, 2005.

［111］ 朱履冰. 表面与界面物理. 天津: 天津大学出版社, 1992.

[112] 黄诒蓉. 中国股市分形结构:理论与实证. 广州:中山大学出版社,2006.

[113] Rozic L S, Petrovic S P, Novakovic T B, et al. Textural and fractal properties of CuO/Al_2O_3 catalyst supports. Chem. Eng. J., 2006, 120: 55-61.

[114] Ahmad A L, Mustafa N N. Pore surface fractal analysis of palladium-alumina ceramic membrane using Frenkel-Halsey-Hill (FHH) model. J. Colloid Interface Sci., 2006, 301: 575-584.

[115] Wang F M, Li S F. Determination of the surface fractal dimension for porous media by capillary condensation. Ind. Eng. Chem. Res., 1997, 36: 1598-1602.

[116] Zhang B Q, Li S F. Determination of the surface fractal dimension for porous media by mercury porosimetry. Ind. Eng. Chem. Res., 1995, 34: 1383-1396.

[117] Yang J L, Ju Z C, Jiang Y, et al. Enhanced capacity and rate capability of nitrogen/oxygen dual-doped hard carbon in capacitive potassium-ion storage. Advanced Materials, 2018, 30 (4): 1700104.

[118] Ma G Y, Huang K S, Ma J S, et al. Phosphorus and oxygen dual-doped graphene as superior anode material for room-temperature potassium-ion batteries. Journal of Materials Chemistry, 2017, 5(17): 7854-7861.

[119] Chen C J, Wang Z G, Zhang B, et al. Nitrogen-rich hard carbon as a highly durable anode for high-power potassium-ion batteries. Energy Storage Materials, 2017, 8: 161-168.

[120] Liu C, Tang P, Chen A B, et al. One-step assembly of N-doped partially graphitic mesoporous carbon for nitrobenzene reduction. Materials Letters, 2013, 108: 285-288.

[121] Kapteijn F, Moulijn J A, Matzner S, et al. The development of nitrogen functionality in model chars during gasification in CO_2 and O_2. Carbon, 1999, 37(7): 1143-1150.

[122] Yuan C Q, Liu X H, Jia M Y, et al. Facile preparation of N- and O-doped hollow carbon spheres derived from poly(o-phenylenediamine) for supercapacitors. Journal of Materials Chemistry, 2015, 3(7): 3409-3415.

[123] Sun L, Tian C G, Fu Y, et al. Nitrogen-doped porous graphitic carbon as an excellent electrode material for advanced supercapacitors. Chemistry: A European Journal, 2014, 20(2): 564-574.

[124] Luo W W, Wan J Y, Ozdemir B, et al. Potassium ion batteries with graphitic materials. Nano Letters, 2015, 15(11): 7671-7677.

[125] An Y L, Fei H F, Zeng G F, et al. Commercial expanded graphite as a low-cost, long-cycling life anode for potassium-ion batteries with conventional carbonate electrolyte. Journal of Power Sources, 2018, 378: 66-72.

[126] Brezesinski T, Wang J E, Polleux J, et al. Templated nanocrystal-based porous TiO_2 films for next-generation electrochemical capacitors. Journal of the American Chemical Society, 2009, 131 (5): 1802-1809.

[127] Lesel B K, Ko J S, Dunn B, et al. Mesoporous $Li_xMn_2O_4$ thin film cathodes for Lithium-ion pseudocapacitors. ACS Nano, 2016, 10(8): 7572-7581.

[128] Xiao L F, Lu H Y, Fang Y J, et al. Low-defect and low-porosity hard carbon with high coulombic efficiency and high capacity for practical sodium ion battery anode. Advanced Energy Materials, 2018, 8(20): 1703238.

[129] Su X L, Chen J R, Zheng G P, et al. Three-dimensional porous activated carbon derived from loofah sponge biomass for supercapacitor applications. Appl. Surf. Sci. , 2018, 436: 327-336.

[130] Wu J, Yang S Y, Chen S H, et al. Flexible all-solid-state asymmetric supercapacitor based on transition metal oxide nanorods/reduced graphene oxide hybrid fibers with high energy density. Carbon, 2017, 113: 151-158.

[131] Liang X D, Liu R N, Wu X L. Biomass waste derived functionalized hierarchical porous carbon with high gravimetric and volumetric capacitances for supercapacitors. Microporous Mesoporous Mater. ,2021, 310: 110659.

[132] Wang Y Q, Ding Y, Guo X L, et al. Conductive polymers for stretchable supercapacitors. Nano Res. , 2019, 12: 1978-1987.

[133] Sheberla D, Bachman J C, Elias J S, et al. Conductive MOF electrodes for stable supercapacitors with high areal capacitance. Nat. Mater. , 2017, 16: 220-224.

[134] Lu Z Y, Li Z P, Huang S F, et al. Construction of 3D carbon network with N,B,F-tridoping for efficient oxygen reduction reaction electrocatalysis and high performance zinc air battery. Comm App Math Comp Sci. , 2020,507:145154.

[135] Yan L T, Yu J L, Houston J, et al. Biomass derived porous nitrogen doped carbon for electrochemical devices. Green Chem. ,2017, 2: 84-99.

[136] Wang Y L, Sun G Q, Chen L H, et al. Engineering dual defective graphenes to synergistically improve electrocatalytic hydrogen evolution. Appl. Surf. Sci. , 2021, 566: 150712.

[137] Zhang X R, Wang Y Q, Wang K, et al. Active sites engineering via tuning configuration between graphitic-N and thiophenic-S dopants in one-step synthesized graphene nanosheets for efficient water-cycled electrocatalysis. Int. J. Electrochem. Sci. , 2021,416: 129096.

[138] Li G J, Tang Y B, Fu T T, et al. S, N co-doped carbon nanotubes coupled with CoFe nanoparticles as an efficient bifunctional ORR/OER electrocatalyst for rechargeable Zn-air batteries. Int. J. Electrochem. Sci. , 2022, 429: 132174.

[139] Zheng H Z, Ma F, Yang H C, et al. Mn, N co-doped Co nanoparticles/porous carbon as air cathode for highly efficient rechargeable Zn-air batteries. Adv. Nano Res. , 2022, 15: 1942-1948.

[140] Ahamad T, Naushad M, Mousa R H, et al. Synthesis and characterization cobalt phosphate embedded with N doped carbon for water splitting ORR and OER. J. King Saud Univ Sci. , 2020, 32: 2826-2830.

[141] Zhao Z H, Li M T, Zhang L P, et al. Design principles for heteroatom-doped carbon nanomaterials as highly efficient catalysts for fuel cells and metal-air batteries. Adv. Mater. , 2015, 27: 6834-6840.

[142] Murugesan B, Pandiyan N, Arumugam M, et al. Two dimensional graphene oxides converted to three dimensional P, N, F and B, N, F tri-doped graphene by ionic liquid for efficient catalytic performance. Carbon, 2019, 151: 53-67.

[143] Liu X J, Zhou Y C, Zhou Y C, et al. Biomass-derived nitrogen self-doped porous carbon as effective metal-free catalysts for oxygen reduction reaction. Nanoscale Horiz. , 2015, 7: 6136-6142.

[144] Wu Z B, Tong Z J, Xie Y Y, et al. Efficient degradation of tetracycline by persulfate activation

with Fe, Co and O co-doped g-C$_3$N$_4$: Performance, mechanism and toxicity. Chem. Eng. J. , 2022, 434: 134732.

[145] Basile A, Paturzo L, Lagana F. The partial oxidation of methane to syngas in a palladium membrane reactor: simulation and experimental studies. Catal. Today, 2001, 67: 65-75.

[146] Leroi P, Madani B, Pham-Huu C, et al. Ni/SiC: a stable and active catalyst for catalytic partial oxidation of methane. Catal. Today, 2004, 91-92: 53-58.

[147] Albertazzi S, Arpentinier P, Basile F, et al. Deactivation of a Pt/-Al$_2$O$_3$ catalyst in the partial oxidation of methane to synthesis gas. Appl. Catal. A, 2003, 247: 1-7.

[148] Dong W S, Jun K W, Roh H S, et al. Comparative study on partial oxidation of methane over Ni/ZrO$_2$, Ni/CeO$_2$ and Ni/Ce-ZrO$_2$ catalysts. Catal. Lett. , 2002, 78: 215-222.

[149] Soick M, Buyevskaya O, Hohenberger M, et al. Partial oxidation of methane to synthesis gas over Pt/MgO kinetics of surface processes. Catal. Today, 1996, 32: 163-169.

[150] Requies J, Caborero M A, Barrio V L, et al. Partial oxidation of methane to syngas over Ni/MgO and Ni/La$_2$O$_3$ catalysts. Appl. Catal. A, 2005,289: 214-223.

[151] Takenaka S, Umebayashi H, Tanabe E, et al. Specific performance of silica-coated Ni catalysts for the partial oxidation of methane to synthesis gas. J. Catal. , 2007, 245: 390-398.

[152] Heitnes K, Lindberg S, Rokstad O A, et al. Catalytic partial oxidation of methane to synthesis gas. Catal. Today,1995, 24: 211-216.

[153] Jun J H, Lee T J, Lim T H, et al. Nickel-calcium phosphate/hydroxyapatite catalysts for partial oxidation of methane to syngas: characterization and activation. J. Catal. , 2004, 221:178-190.

[154] Zhang Y H, Xiong G X, Shan S S, et al. Deactivation studies over NiO/γ-Al$_2$O$_3$ catalysts for partial oxidation of methane to syngas. Catal. Today, 2000, 63: 517-522.

[155] Olsbye U, Moen O, Slagtern A, et al. An investigation of the coking properties of fixed and fluid bed reactors during methane-to-synthesis gas reactions. Appl. Catal. A, 2002, 228: 289-303.

[156] Dissananayake D, Rosenek M R, Kharas K C C. Partial oxidation of methane to carbon monoxide and hydrogen over a Ni/Al$_2$O$_3$ catalyst. J. Catal. , 1991, 132: 117-127.

[157] Liu Z W, Jun K W, Roh H S, et al. Pulse study on the partial oxidation of methane over Ni/θ-Al$_2$O$_3$ catalyst. J. Mol. Catal. A, 2002, 189: 283-293.

[158] Sun W Z, Jin G Q, Guo X Y. Partial oxidation of methane to syngas over Ni/SiC catalysts. Catal. Comm. , 2005, 6: 135-139.

[159] 邱业君, 陈吉祥, 张继炎. MgO 助剂对甲烷部分氧化 Ni/Al$_2$O$_3$ 催化剂结构和性能的影响. 燃料化学学报, 2006, 34 (4): 450-455.